Heyne Sammlerbibliothek

Herausgegeben
von Ulrich Klever

Die
Heyne Sammlerbibliothek
stellt reizvolle Sammelgebiete vor,
die verschiedenartigste
Objekte und Kuriositäten von
kulturhistorischem
wie ästhetischem Wert
umfassen.

Wolfram zu Mondfeld

Historische Modell Schiffe

Originalausgabe
Mit 200 Illustrationen/Abbildungen
davon 58 in Farbe

Wilhelm Heyne Verlag
München

Heyne Sammlerbibliothek
Band 10

Konzeption und Produktion: Offizin Hopf & Partner
Umschlag: Zembsch' Werkstatt
Gestaltung: Wolfram zu Mondfeld
Gesamtherstellung: Friedrich Pustet, Regensburg
Printed in Germany

ISBN 3-453-35310-2

Inhalt

Modellschiffe

Ein Rindenstückchen, ein Zweiglein als Mast, ein Blatt als Segel, das irgendwo auf einen See, einen Fluß, vielleicht sogar das Meer hinaussegelte.

Das erste Schiffsmodell der Menschheit vor zehn oder noch mehr Jahrtausenden.

Das Wasser, das Meer, sie waren von jeher Freund und Feind des Menschen, angebetet und verflucht, und das Schiff, das klein, schwach und zerbrechlich diesen zwar genutzten, doch nie gebändigten Gewalten widerstand, wurde bald zum Symbol für die Hoffnung und den Glauben des Menschen – selbst oft wider besseres Wissen. Was Wunder, wenn das Schiff und sein verkleinertes Ebenbild, das Schiffsmodell, zu den frühesten Zeugnissen menschlicher Kultur zählen, wie religiöse Motive am Anfang jedes Schiffsmodellbaus standen, sei es in der Antike, sei es noch einmal im späten Mittelalter.

Das, was wir heute als Modellschiffe bezeichnen, ist so weit von jenem Rindenstückchen entfernt, wie die Steinaxt, die es von einem Baum löste. Mit der Entwicklung des Schiffbaus entwickelte sich der Schiffsmodellbau, bis Technik und Schönheit vor etwa 300 Jahren zu einer Einheit verschmolzen. Knapp 50 Jahre erhielt sich dieser Zustand vollkommener Harmonie, dann begann die Technik im Schiffbau mehr und mehr die Schönheit zu verdrängen, um mit Beginn unseres Jahrhunderts die alleinige Herrschaft zu übernehmen; im Modellschiffbau haben sich mancherorts Harmonie und Schönheit erhalten.

Wer sich heute mit historischen Schiffsmodellen in irgend einer Form befaßt, der tut dies nicht, wie manchmal zu lesen, »mit nostalgischer Wehmut«, sondern nur mit der uralten Faszination für Meer und Schiff, und dem Sinn für Schönheit und Harmonie, die der moderne Schiffbau so sehr vermissen läßt.

Dieses Büchlein soll Sie ein bißchen einführen in die Welt der Modellschiffe, die ein getreues Abbild sind von rund 6000 Jahren Schiffbau und Seefahrt, soll Ihnen die wichtigsten Typen und Arten von Modellen vorstellen und Ihnen vielleicht den einen oder anderen brauchbaren Hinweis geben. Es soll dies keine wissenschaftliche Abhandlung sein, kein Standardwerk mit Anspruch auf Vollständigkeit, lediglich der Versuch Sie einzuführen in eines der ältesten Kulturzeugnisse der Menschheit, Sie jenen Leuten ein wenig näher bringen, die Abertausende von Stunden mit unendlicher

Geduld und manchmal unglaublicher Geschicklichkeit an einem einzigen Modell bauen. Denn Modellschiffe zu bauen ist keine Spielerei – auch wenn der Spieltrieb, einer der wichtigsten und produktivsten Triebe des Menschen, nicht wenig beteiligt ist an solchem Tun –, und Schiffsmodelle sind kein Spielzeug, sondern wissenschaftlich dokumentiertes Zeugnis von Jahrtausenden menschlichen Erfindergeistes.

Geschichte des Modellschiffbaus

Das älteste, mir bekannte Schiffsmodell stammt aus dem prädynastischen Ägypten, und dürfte mindestens 6000 Jahre alt sein.

Ägypten war es dann auch, das eine erste Hochblüte dieser Kunst hervorbrachte, die in der 18. Dynastie (um 1400 v. Chr.) gipfelte. Im Grab Pharao Tut-anch-Amuns fand man gut zwei Dutzend Schiffsmodelle, von der kultischen Götterbarke bis zum Staatsschiff des Königs. Nach dieser Zeit ebbte dort die rege Modellbautätigkeit ab, und andere Völker, vor allem Griechen und Römer, traten an ihre Stelle, wenn auch nie mit diesem Eifer und diesem handwerklichen Können wie die Ägypter.

Von der Spätantike bis ins 15. Jahrhundert geriet die Tradition des Modellschiffbaus wohl völlig in Vergessenheit, zumindest hat sich aus dieser Zeit kein einziges Stück erhalten. Erst im späten 15. Jahrhundert wurde der Gedanke von Spanien aus neu belebt und brauchte fast 150 Jahre, um sich durchzusetzen.

Mitte des 17. Jahrhunderts nahm der Modellschiffbau dann einen plötzlichen, glanzvollen Aufschwung. Admiralitäten, Reedereien, Werften schienen auf einmal ohne Modelle nicht mehr existieren zu können. Die prunkvollsten, kostbarsten Modelle, die wir kennen, stammen aus dieser Epoche.

Ab 1730 kam für rund 100 Jahre noch einmal ein gewisser Niedergang, auch wenn der Modellbau nie mehr ganz aufhörte.

Und dann, mit dem aufkommenden Historismus im letzten Jahrhundert, begann ein erneuter Aufschwung, der bis heute anhält und seinen Gipfelpunkt noch lange nicht erreicht zu haben scheint. Zunächst waren es vor allem Museen, die Schiffsmodelle bauten oder bauen ließen, immer häufiger aber auch Privatpersonen – zunächst Matrosen, dann auch Binnenländer –, die nur zum Spaß und für sich dieses Hobby entdeckten.

Heute übersteigen die begeisterten Modellbauer in aller Welt bereits weit die Millionengrenze, und die Zahl nimmt von Jahr zu Jahr zu. Was sie qualitativ leisten, reicht längst an die großen Zeiten im 17. Jahrhundert heran und mitunter darüber hinaus.

Antike Modelle

Der ursprüngliche Zweck eines Schiffsmodells ist wohl immer im kultisch-religiösen Bereich zu suchen. Sei es als Votivschiff in Vertretung des großen, echten Schiffes, sei es als Darstellung von Götterfahrzeugen.

Es würde hier zu weit führen, wollte man auf alle Bedeutungen und Zusammenhänge von Schiffen und Schiffsmodellen mit dem Glauben der antiken Völker eingehen.

Wie schon gesagt, waren die Ägypter die ersten, die Modellschiffbau betrieben. Unter diesen Modellen lassen sich drei große Gruppen unterscheiden. Einmal die Götterbarken: Darstellungen des Schiffes mit dem Ra, der Sonnengott, tags durch den Himmelsozean fuhr, und nachts durch die Unterwelt, wobei er verschiedentlich auch von anderen Göttern begleitet wurde. Zum zweiten die Totenschiffe: Das Niltal war streng aufgeteilt – das Ostufer gehörte den Lebenden, das Westufer den Toten. Jeder Verstorbene mußte, ob hoch oder niedrig, arm oder reich, nach seinem Tod über den Nil in einer Barke vom Ost- zum Westufer gebracht werden. Diese Totenbarken wurden dann auch zumeist als Modelle dem Verstorbenen ins Grab mitgegeben. Schließlich – und das konnte gar nicht ausbleiben, wenn man so viele und hervorragende Modelle baute – wurden Modelle der königlichen Staatsschiffe und der Prunkboote der Vornehmen hergestellt, fernab jeder kultischen Bedeutung, nur eben weil sie schön waren und Freude machten.

Die ägyptischen Modellschiffe waren in frühester Zeit und dann ganz spät wieder aus Ton. Dazwischen aber, gut 2000 Jahre, schnitzte man sie aus Holz, bemalte sie, versah sie gelegentlich auch mit Masten, Segeln und Takelage.

Von den Phöniziern haben sich nur einige, eher primitive, Tonmodellchen erhalten; von den Chaldäern ein sehr schönes Silbermodell.

Die Italiker fertigten ihre Modellschiffe aus Bronze, und hier erschien auch zum ersten Mal, groß und Bedeutung heischend, die Galionsfigur, die sich bis zum Anfang unseres Jahrhunderts erhalten hat.

Die griechischen und römischen Schiffsmodelle waren in der Regel aus Ton, in der Spätzeit auch aus Bronze. Ihre Qualität ist unterschiedlich, doch kein Volk der Antike hat, wie schon gesagt, je die Ägypter als Modellschiffbauer auch nur im entferntesten zu erreichen verstanden.

Antike Schiffsmodelle sind selten und eigentlich nur in Museen zu finden. Lediglich ägyptische Modelle tauchen mitunter im Antiquitätenhandel auf und kosten da mindestens fünfstellige Summen.

Votiv- und Prunkmodelle

Nach den Jahrhunderten, aus denen jegliche Modellschiffe fehlen, kann Spanien den Ruhm für sich in Anspruch nehmen, das Ursprungsland des neuen Modellbaus zu sein.

In der Kirche von Mataró, nordöstlich von Barcelona, hing Hunderte von Jahren ein Schiffsmodell, das um 1450 gefertigt wurde. Wie es später aus Spanien durch viele Hände nach den USA, dann nach England und schließlich ins Maritiem Museum »Prins Hendrik« nach Rotterdam geriet, ist eine lange, in manchen Punkten recht unklare Geschichte. Rund hundert Jahre jünger sind die beiden nächsten bekannten Modelle. Auch sie stammen aus Spanien, das eine aus Utrera, das andere aus Sta. Cruz de la Palma.

Wie einst in der Antike, waren es also auch zu Beginn der Neuzeit religiöse Motive, denen der Schiffsmodellbau seinen Ursprung verdankt, denn all diese drei Modelle waren Votivschiffe.

Das erste bekannte, profane Modell wurde in den Spanischen Niederlanden gebaut. Königstreue Flamen schenkten es 1597 Philipp II. Leider ist das Modell offenbar einmal im letzten Jahrhundert höchst unsachgemäß restauriert worden – die Takelage hat mit dem Originalzustand kaum noch etwas gemeinsam – und trotz früherer, teilweise recht böser Beschädigungen, nennt es Björn Landstöm »das schönste Modell eines Schiffes des 16. Jahrhunderts«.

Mit Beginn des 17. Jahrhunderts mehrten sich die Modelle, und prachtvolle Exemplare sind aus Deutschland, Italien und England überliefert.

All diese Modellschiffe waren freilich noch nicht im Maßstab gebaut. Sie geben zwar mehr oder minder die Form und die Proportionen der Originale wieder, doch wurden diese oft extrem übertrieben, sodaß das flämische Modell etwa kaum einen Unterwasserrumpf aufweist, dafür um so gewaltigere Aufbauten, und die eben aufkommenden schlanken Linien so überzeichnet, daß das Originalschiff, wäre es wirklich so schmal gewesen, augenblicklich gekentert oder abgesackt wäre.

Die Votivschiffe, die man noch allenthalben in den von Seeleuten bevorzugten Wallfahrtskirchen finden kann, haben diese Tradition bis in die Anfänge unseres Jahrhunderts beibehalten. Die profanen Modelle gingen völlig andere Wege.

Werftmodelle

War es ein holländischer oder ein englischer Schiffsbaumeister, der als erster auf die Idee kam, seinen neuesten Konstruktionsentwurf den hohen Herren aus Admiralität und Werft nicht nur in Form von Plänen, Skizzen, endlosem Zahlenmaterial und vielleicht einem Kupferstich oder einer Federzeichnung anzubieten, sondern ein absolut maßstabsgetreues Modell zu bauen und als Demonstrationsobjekt den Entscheidungsgewaltigen auf den Tisch zu stellen? Man weiß es nicht.

Wer immer es war, er arbeitete um die Mitte des 17. Jahrhunderts, und sein Gedankenblitz zündete in ungeahntem Ausmaß.

Bereits 1660 war es in England üblich, von jedem neu projektierten Schiff oder Schiffstyp für die Königlich Britische Flotte ein Modell anzufertigen und dieses zusammen mit den Plänen und Berechnungen an König und Admiralität zur Begutachtung zu schikken. Ein Schiff 5. Ranges mit 40 Kanonen kostete damals etwa 6000 £, eine stolze Summe, die für ein Linienschiff 1. Ranges mit 100 und mehr Geschützen bis fast auf das Achtfache ansteigen konnte. Bislang hatte man einigen, für unsere heutigen Begriffe recht skizzenhaften, Plänen, allgemeinen Erfahrungswerten und dem guten Namen des Konstrukteurs vertrauen müssen, wenn man ein neues Schiff in Auftrag gab; und stellten sich hinterher doch Fehler heraus, waren sie entweder gar nicht, oder nur wieder unter hohen Kosten zu beheben. Nun konnte man anhand eines maßstabgerechten, bis in alle Einzelheiten ausgearbeiteten Modells sämtliche Probleme durchdiskutieren, Änderungswünsche anmelden, oder sich von Neuerungen überzeugen lassen, ehe man das Schiff auf Kiel legte. Und auch später leisteten diese Modelle noch wertvolle Dienste als Schulungs- und Demonstrationsobjekte bei der Ausbildung des nautischen Offiziersnachwuchses.

Auch für uns sind vor allem die britischen »Admiraltymodels« von unschätzbarem Wert, belegen sie doch praktisch lückenlos das gesamte Schiffsbauprogramm der Vereinigten Königreiche über einen Zeitraum von mehr als 100 Jahren.

In den Niederlanden, in Dänemark, Skandinavien und Rußland wurden ebenfalls solche Modelle gebaut, leider freilich nie mit dieser Konsequenz und Lückenlosigkeit wie in England. An Schönheit und Kunstfertigkeit stehen sie den britischen nicht nach!

Die Admiralitäten und Staatswerften lieferten das Vorbild, und bald schon begannen auch die privaten Reedereien Werftmodelle ihrer Schiffe anfertigen zu lassen, entweder ebenfalls als Planungsgrundlage für Neubauten, oder auch als Schau- und Repräsentationsobjekte ihrer vorhandenen Schiffe – eine Tradition, die sich bis heute erhalten hat.

Die Werft- und Admiralitätsmodelle des 17. und 18. Jahrhunderts gehören zum schönsten und technisch ausgefeiltesten, was der Modellschiffbau je geleistet hat. Um in einem Museum Stunden vor solch einem Modell, mit all seinem goldblitzenden Schnitzwerk, bewundernd zu stehen, bedarf es nicht einmal mehr besonderer Sachkenntnis. Hier sind Technik und Kunst zu einer vollendeten Einheit verschmolzen, und große Künstler waren es ja auch, die oftmals die Entwürfe zur Ausstattung dieser Schiffe lieferten: van Dyck in England, van der Velde in Holland, Puget in Frankreich, Redtmer in Schweden. Und kaum geringere Künstler waren jene, die diese Entwürfe auf den Modellen und Originalschiffen in dreidimensionale Realität umsetzten.

Seemannsmodelle

Nicht immer machten Stürme, Piratenüberfälle oder Eisberge das Leben eines Seemanns spannend. Der allergrößte Teil einer oft monatelangen Reise war mehr oder minder stumpfsinnige Routine, die gleichen Tauenden, an denen man zerrte, die gleichen Planken, die man schrubbte. So suchte sich manch ein Matrose ein Hobby, und was lag näher, als daß dieses Hobby sich wieder mit Meer und Seefahrt beschäftigte?

Vor allem auf den Handelsschiffen des 19. Jahrhunderts, wo – anders als auf Kriegsschiffen – der Dienst leger und die Reisen lang waren, sägten, schnitzten, malten und leimten viele Matrosen um die Wette, und da man Zeit im Überfluß hatte, konnte man die kompliziertesten, tüftligsten Dinge in Angriff nehmen. Die Buddelschiffe sind hierfür ein beredtes Beispiel.

Doch es wurden nicht nur Schiffe in Flaschen gezaubert, es wurden auch richtige, große Modelle gebaut nach den Vorbildern in den Werften und Reedereien. Was diese Seemannsmodelle freilich grundsätzlich von den Werft- und Admiralitätsmodellen unterscheidet ist, daß sie so gut wie nie im Maßstab gebaut sind, ja selbst die Proportionen von Länge, Breite und Höhe oft beachtlich verzerren. So sind Seemannsmodelle fast in der Regel zu hoch getakelt – durchaus verständlich, denn wenn man an Deck steht, erscheinen einem die Masten bis in den Himmel zu ragen, und wenn man droben in der Bramsaling auf Ausguck steht, ist das Schiff sehr, sehr tief unten.

Qualität und Ausführung von Seemannsmodellen ist höchst unterschiedlich. Manche sind mit mehr Liebe und Eifer als handwerklichem Geschick zusammengebastelt, andere sind echte kleine Kunstwerke. Gemeinsam ist ihnen allen Atmosphäre und (wenn sie nicht einmal unsachgemäß restauriert wurden) die historische Zuverlässigkeit in Aufbauten und Takelage – eben von Männern gebaut, die selbst in einer Orkannacht den richtigen Tampen zu packen gewohnt waren. Weit weniger historisch sind die Namen, die vielfach auf diesen Schiffen prangen. Sucht man sie in den Reedereilisten, sucht man oft vergebens, kennt man Bilder des angeblich dargestellten Schiffes, hat es oft mit dem Modell nicht die geringste Ähnlichkeit. Das spricht nicht gegen die Autentizität des Modells, das im Zweifelsfall durchaus ein gutes Konterfei jenes Schiffes war, auf dem der betreffende Matrose fuhr, nur der Name, der auf Bug und Heck des Modells gemalt wurde, war sehr häufig eben nicht der des Originalschiffes, sondern der Name der Frau oder Freundin zuhause.

Seemannsmodelle sind noch verhältnismäßig häufig. Sie stehen in den guten Stuben ehemaliger Fahrensleute und in Wirtshäusern, hängen als Votivschiffe in Kirchen und tauchen auch im Antiquitätenhandel auf, wo man sie mit etwas Glück zu durchaus noch erschwinglichen Preisen erstehen kann. Solche Modelle sind allerdings oft in recht schlechtem Zustand, verschmutzt und beschädigt. Antiquitätenhändler oder Käufer machen nun oft den gutgemeinten Fehler, das Modell gründlich restaurieren zu lassen. Doch Vorsicht! Zum einen sollte diese Arbeiten nur ein wirklicher Kenner und Könner des Schiffsmodellbaus durchführen, um Fehler und noch ärgere Beschädigungen zu vermeiden. Zum anderen sollte man sich hier zur Regel machen, eher zu wenig als zu viel restaurieren zu lassen; man kann solch ein Seemannsmodell nämlich schnell zu Tode restaurieren. Was dabei dann herauskommt ist vielleicht ein qualitativ gutes Modell, aber die Atmosphäre ist dahin.

Gefangenenmodelle

Sie sind vielleicht das Unglaublichste, was der Schiffsmodellbau an Geduld und Geschicklichkeit kennt.

In den napoleonischen Kriegen, zumal nach der Schlacht von Trafalgar, wurden tausende gefangener französischer Seeleute in die Pontons gesperrt, abgetakelte, uralte Kriegsschiffe, die als Gefängnisse verwendet wurden. In diesen übelsten Gefängnissen der Welt, wie Zeitgenossen sie nannten, wo zwischen Ratten und Ungeziefer tausende ums Leben kamen, waren die englischen Wärter nur bereit, ein bißchen Zusatzverpflegung oder eine Schlafdecke gegen harte Bezahlung herauszurücken. Doch womit sollten die französischen Matrosen bezahlen?

Niemand weiß heute mehr, wem der Einfall kam, Schiffsmodelle zu bauen und diese den Wärtern als Bezahlung anzubieten. Auch diese Idee war eigentlich noch ein verwegenes Unterfangen, denn die Matrosen hatten keine Werkzeuge, dieser oder jener vielleicht ein Taschenmesser oder eine Nadel, aus der man einen Bohrer basteln konnte. Und sie hatten kein Holz – schließlich das Grundmaterial jedes Schiffsmodellbaus.

Also bauten sie ihre Modelle aus Knochen!

Wer einmal einen schönen, großen Rinderknochen in der Hand gehabt hat, der kann sich vorstellen, wie lange ein Mann da schaben und kratzen mußte, bis auch nur eine einzige Planke fertig war, zumal wenn das Werkzeug zumeist wieder nur ein Knochen war, denn die wenigen, kostbaren Messer waren den geschicktesten Schnitzern vorbehalten, die die Heckspiegel, Galionsfiguren, Relingstützen oder Beiboote anfertigten. Es ist anzunehmen, daß nicht ein einziger Matrose solch ein Schiff vom Kiel bis zum Flaggenknopf herstellte, sondern daß ganze Gruppen zusammenarbeiteten, die einen die Planken fertigten, die anderen die Schnitzereien, dritte die Masten und Rahen, wieder andere die Takelage, je nach Fähigkeit und Geschick.

Natürlich gab es auch keine Baupläne, doch die hatten die Seeleute im Kopf. Es waren ihre eigenen Schiffe, auf denen sie gefahren waren: mächtige Linienschiffe mit 74, 80, 90 und über 100 Geschützen an Bord, elegante Fregatten und dann und wann auch eines der Schiffe ihres englischen Gegners. Jedes so detailgetreu und maßstabgerecht, wie es die Erinnerung nur zuließ. Jedes ein kleines Kunstwerk, fast möchte man sagen: ein kleines Wunder.

Die »Prisoner of War Models« fanden reißenden Absatz. Die Gefängniswärter machten das große Geschäft, und manchem Matrosen aus Brest, St. Malo oder Dieppe – von dort kamen die meisten dieser unglaublich geschickten Modellbauer – haben die Modelle letztlich das Leben gerettet.

Auch heute sind die »Prisoner of War Models« seltene Kostbarkeiten, die nur in englischen, vereinzelt auch in französischen und amerikanischen Museen zu bewundern sind.

Exotische Modelle

Die Asien- und Ozeanienabteilungen der großen Seefahrtsmuseen sind reich bestückt mit bekannten und unbekannten, manchmal ausgesprochen bizarren Wasserfahrzeugen. Die arabischen Sambuks und Bagallas, indianische Kanus und Balsas, japanische und chinesische Petschili-, Hangtschou- und Futschou-Dschunken sind uns noch einigermaßen vertraut. Doch wer kennt noch Zaruk, Beden und Battela aus dem Golf von Oman, Mtepe und Mahaila von der Küste Ostafrikas, die Pallar vom Ganges, Pattamar und Dungiyah von der Koromandelküste. Rua-chalom und Twaqo aus Tailand, die Geh-ca-vom und Geh-luoi-rung aus Vietnam, oder gar die Prau-beduang, Prau-mayang und die Caracor aus Malaya, die Lakatoi aus Neuguinea, die Calie von den Tonga-Inseln oder die Wakataua aus Neuseeland?

Es ist eine fast erdrückende Fülle von Namen und Formen, doch all die Modelle entstammen europäischen oder amerikanischen Händen. Es gibt natürlich »originale« afrikanische und polynesische Modelle, doch sie sind durchweg neu, von Europäern angeregt und ohne eigene Überlieferung. Das heißt nicht, daß solche Modelle ganz ohne einen gewissen exotischen Reiz sein müssen und durch den wachsenden Tourismus werden immer mehr für absolut zivile Preise bei uns angeboten. Sie sind ordentlich gearbeitet, doch was an ihnen häufig stört ist, daß sie oft allzu bewußt auf »primitiv«, gelegentlich auch auf »alt«, gemacht werden, und damit leicht unecht und verkrampft wirken.

Einzig China hat es verstanden, seine eigene Modellbautradition zu schaffen. Auch hier kam der Anstoß ursprünglich aus dem Westen, doch China entwickelte daraus etwas ganz Eigenes, das mit dem Vorbild nur noch wenig gemein hat. Europäisch-amerikanische Schiffsmodelle sind in erster Linie die Darstellung eines technischen Gegenstandes. Chinesische Schiffsmodelle kümmern sich um die Technik, auch wenn Formen und Proportionen richtig wiedergegeben sind, herzlich wenig. Das drückt sich auch in der Wahl des Materials aus. Holz – für uns das Grundelement jedes Modellschiffs – ist in China als Baumaterial eher selten, dafür dominieren bei Modellen aus dem Reich der Mitte Speckstein, Alabaster, Jade und filigran geschnitztes Elfenbein.

Vielleicht könnte man es so ausdrücken: Ein Modellschiff europäischer Tradition kann durchaus auch ein Kunstwerk sein. Ein chinesisches Kunstwerk kann durchaus auch ein Schiff darstellen.

Spantenmodelle

Die meisten Besucher von Marine- und Schiffahrtsmuseen gehen an ihnen ziemlich achtlos vorüber. Im Vergleich zu den großen, voll aufgetakelten Modellen wirken Spantenmodelle auch eher unattraktiv, ein wenig zu kompliziert, ein wenig zu technisch.

Spantenmodelle sind Konstruktionsmodelle, die genaues Aussehen und genauen Sitz von Kiel, Kielschwein, Steven, Spanten, Ohrhölzern, Kantspanten, Worpen, Randsomhölzern, Arcassbalken und Deckbalken – kurz das gesamte konstruktive Gerippe eines Schiffes – samt den wichtigsten Schmuckelementen und Ausrüstungsteilen zeigen sollen.

Spantenmodelle sehen nicht nur kompliziert aus, sie sind es. Kein Uneingeweihter wird freilich vermuten, daß Spantenmodelle zum schwierigsten gehören, das sich ein Modellbauer vornehmen kann, denn sie erfordern nicht nur perfektes handwerkliches Können, sondern auch genaueste Kenntnis von Konstruktion und technischem Aufbau eines Schiffsrumpfes.

Vielleicht ist das der Grund, weshalb Spantenmodelle verhältnismäßig selten sind. Jedes größere Schiffahrtsmuseum verfügt zwar über ein paar Exemplare, doch ansonsten sind sie kaum anzutreffen. Wer allerdings ihre Schönheit und Kunstfertigkeit zu würdigen weiß, der darf sich zu den echten Kennern rechnen.

Rumpfmodelle

Es gab zahllose Formen der Takelage über die Jahrhunderte hinweg, und auch zur gleichen Zeit gab es von Land zu Land, oft von Hafen zu Hafen beträchtliche Unterschiede. Andererseits unterschied sich eine schwedische Schonertakelung kaum von der anderen, gleichgültig, ob das Schiff als Handelsfahrzeug, Paketboot, Kaper- oder Kriegsschiff eingesetzt wurde. Nicht anders war es mit der Fregatt-, Schnau-, Brigg-, Huker-, Kutter- oder Yachttakelung.

Für den Schiffsbaumeister, den Reeder oder die Admiralität waren daher vor allem die Rümpfe von Interesse, während die Anmerkung »Fregatt-« oder »Briggtakelung« völlig ausreichten, um sie wissen zu lassen, wie Masten und Rahen, Segel und Tauwerk aussehen würden.

Das erklärt die ziemlich hohe Zahl an Rumpfmodellen, die in den Museen aufbewahrt werden, oder vereinzelt auch im Handel auftauchen. Rumpfmodelle waren stets Werft- oder Admiralitätsmodelle. Sie zeigen den voll oder teilweise beplankten Rumpf mit seiner Ausrüstung und Verzierung, manchmal mit, manchmal ohne Geschütze, verzichten aber vollständig auf Masten und Takelage.

Zu den Rumpfmodellen gehören auch die sogenannten Halbmodelle. Sie zeigen eine Rumpfhälfte bis zur Mittellinie und wurden vor allem im 19. Jahrhundert als Werftmodelle zum Auffinden möglichst günstiger Rumpfformen verwendet. Für den Sammler eher reizlos, sind sie zum Studium der Schiffbauentwicklung dieser Epoche von großem Wert.

Admiraltymodels

Von den britischen Admiralitätsmodellen des 17. und 18. Jahrhunderts war bereits die Rede. Auch in ihrer Ausführung sind sie absolut eigen und unverwechselbar, und, nach Meinung vieler Marinehistoriker und Modellbauer, die Idealform von Modellschiffen schlechthin.

In der Tat vereinen Admiraltymodels in unübertroffener Weise Anschaulichkeit und Information, Technik und Schönheit. Diese Vorzüge verdanken sie einer überaus glücklichen Mischung aus Spanten- und Vollmodell. Der Unterwasserrumpf war als Spantenmodell ausgeführt und zeigte so das genaue Aussehen von Kiel und Kielschwein, Steven, Spanten und Worpen. Über der Wasserlinie war das Modell voll geplankt und mit allen Schmuckelementen versehen, sodaß man sich mühelos vorstellen konnte, wie das Schiff aussehen würde, wenn es erst auf den Wellen schwamm. Die Decks hatten wiederum keine Planken, außer ein oder zwei Gängen mittschiffs und auf den Seiten, um die Konstruktion der Deckbalken zu zeigen. Die ebenfalls oft reich geschmückten Schotten (Querwände) waren wieder geschlossen und voll geplankt ausgeführt.

Dazu kam selbstverständlich die gesamte Decksausrüstung mit Treppen und Spills, Ankern, Knechten, Betingen, Pumpen und Schiffsglocke, nie jedoch mit Beibooten. Verschieden behandelt wurden die Geschütze, auf manchen Modellen wurden sie eingebaut, auf anderen ließ man sie weg.

Die Mehrzahl der Admiraltymodels wurde als Rumpfmodelle gebaut, es gibt aber auch zahlreiche voll getakelte Exemplare, die allerdings nie Segel zeigen.

Und noch in einem Punkt waren die Admiraltymodels richtungsweisend: im Maßstab. Sie sind durchweg 1:48 (also ein Fuß zu einem Viertelzoll), was praktisch dem kontinentalen 1:50 entspricht, dem Idealmaßstab schlechthin.

Vollmodelle

Getakelte Vollmodelle sind eigentlich das, was man sich unter einem richtigen Schiffsmodell vorstellt. Hier kann sich die ganze Schönheit der exakt aufeinander abgestimmten Proportionen eines historischen Schiffes voll entfalten, hier wird erst seine gesamte Funktionsweise sichtbar. Wer durch die Sammlungen der großen Marine- und Seefahrtsmuseen geht, der wird es selbst erleben, wie er an manchem Rumpf- oder Spantenmodell, sei es noch so kunstvoll gefertigt, achtlos vorübergehen wird, fast magisch angezogen von den prächtigen, vollgetakelten Modellen.

Unter ihnen gibt es wiederum vier Versionen:

Vollmodelle ohne Segel. Dies ist unter den getakelten Modellschiffen fast die häufigste Art. Viele Modellbauer sind der Ansicht, daß Segel allzu viel von den Masten, der Takelage und den Decks verstecken würden. Die Erfahrung zeigt zwar, daß dem keineswegs so sein muß, auf jeden Fall aber besitzt ein Modell ohne Segel mit der filigranen Zeichnung seiner Masten, Stengen, Rahen und dem ganzen Tauwerk ganz entschieden seinen eigenen großen Reiz.

Vollmodelle mit geborgenen Segeln. Ähnliche Gedankenvorgänge sind der Grund, warum man die Segel eines Modells zusammengerollt, also an der Rah geborgen, zeigt. Da diese Methode gewisse modellbautechnische Tücken hat, ist sie verhältnismäßig selten.

Vollmodelle mit teilweise gesetzten oder gerefften Segeln. Man sieht sie weitaus häufiger. Gewöhnlich sind die Mars- und Bramsegel gesetzt, während die Untersegel an der Rah geborgen oder zumindest aufgegeit gezeigt werden, um einen besseren Blick auf das Deck zu ermöglichen. Bei solchen Modellen fehlen zumeist auch die Stagsegel.

Vollmodelle mit gesetzten Segeln. Natürlich kann die volle Funktion der gesamten Takelage nur dann gezeigt werden, wenn auch alle vorhandenen Segel gesetzt sind samt Stagsegeln und eventuell sogar den Leesegeln. Daß ein Modellschiff »in voller Fahrt« einen überaus prachtvollen Anblick bietet, kann niemand bezweifeln.

Eine gewisse Sonderform stellen Wasserlinienmodelle dar. Sie zeigen das voll getakelte Schiff, allerdings nur bis zur Wasserlinie, also so, wie man das Fahrzeug sieht, wenn es tatsächlich auf den Wellen schwimmt. Das Schiff ist hier in seinem ureigenen Element dargestellt, und solche Modelle sehen ungemein realistisch und lebendig aus. Tatsächlich werden zahlreiche Modelle modernerer Schiffe als Wasserlinienmodelle gebaut. Für den Modellbau historischer Schiffe konnte sich diese Form nie so recht durchsetzen, und man bekommt daher nur selten eines zu Gesicht.

Schnitt- und Teilmodelle

Für gewöhnlich sieht man ja nur das Äußere eines Schiffes, bei Spanten- und Admiralitätsmodellen auch etwas von der Konstruktion, nie aber etwas von seiner Inneneinrichtung. Diesen Mangel beheben die Schnittmodelle. Sie wurden selbstverständlich nie für eine Werft oder Admiralität, sondern stets nur für Museen oder privat angefertigt, und die ältesten Exemplare stammen aus dem letzten Jahrhundert.

Es gibt grundsätzlich zwei Möglichkeiten: Einmal der Längsschnitt entlang der Mittellinie des Schiffes, zum anderen der Querschnitt entlang eines Spants.

Die interessantere Form ist zweifellos der Längsschnitt, der Einblick in das gesamte Schiff vom Bug bis zum Heck gibt mit dem Kabelgatt, wo die Ankertrossen gestaut liegen, den Wasserfässern, der Kugel- und Pulverkammer im untersten, dem Orlopdeck; darüber das Batteriedeck mit den Ankerbetingen, dem großen Spill und den Hängematten der Mannschaften; dann das Großdeck mit der Kombüse, den Geschützen, den Offizierskammern und der Offiziersmesse; schließlich vorne die Back mit dem kleinen Spill und der Schiffsglocke, achtern die Schanz (auch Kampanjedeck genannt) mit dem Ruderstand, den Signalflaggenkisten und der großen Kapitänskajüte. Es gibt Modelle, da ist nichts, aber auch gar nichts vergessen: weder die Kohle für den Herd des Smutje, noch der große Reserveanker, weder die Hängematten der Matrosen, noch das Nachtgeschirr unter dem Bett des Ersten Offiziers, weder die Pulverkartuschen in der Munitionskammer noch das Zinn in der Offiziersmesse oder das Tafelsilber auf dem Kapitänstisch. Solche Modelle sind natürlich ungeheuer mühsam zu bauen und daher außerordentlich selten. Sogar in großen Museen bleiben sie Raritäten.

Häufiger finden sich schon Querschnittmodelle, wobei Schnitte am Hauptspant oder Großmast besonders beliebt sind. Sie erstrekken sich gewöhnlich auf eine Tiefe von sechs bis acht Spanten, und zeigen auf diese Tiefe nun all die Inneneinrichtungen des Schiffes samt dem exakten Schnitt durch die Außenhaut. Manchmal ist auch der Großmast mit einem Teil seines stehenden und laufenden Gutes in das Modell eingebaut.

Querschnittmodelle rechnen sich zumeist schon in die Rubrik der Teilmodelle, zu denen auch Einzelmodelle von Heckspiegel oder Galion zählen, oder ganz einfach Einzelteile wie Anker, Geschütze, Spills, Beiboote und ähnliches, die dann gewöhnlich in größeren Maßstäben, etwa 1:25, ausgeführt sind.

Solche Teilmodelle haben den Vorzug, weniger platzraubend zu sein als ein ganzes Schiff, in der Regel wird sich aber wohl nur ein Kenner für diese Arten von Modellen begeistern können.

Großmodelle

In vielen Museen finden sich drei bis fünf Meter lange, sogenannte Großmodelle im Maßstab 1:25 bis 1:10, die vorwiegend aus dem letzten Jahrhundert stammen und als Schauobjekte gedacht waren.

Wenn man nun annimmt, daß bei einem derart großen Maßstab der Detailreichtum und die Genauigkeit besonders hervorragend sein müßten, so wird man fast immer bitter enttäuscht. Diese Großmodelle sind in der Regel zwar handwerklich gut gebaut, doch auf Details hat man so gut wie nie sonderlichen Wert gelegt, sodaß sie stets etwas roh und lieblos wirken und als historische Informationsquelle nahezu wertlos sind. Es gibt natürlich Ausnahmen, doch diese sind selten.

Miniaturmodelle

Das genaue Gegenteil sind die Kleinst- und Miniaturmodelle mit Maßstäben bis zu 1:1500 herunter.

Ihre bekanntesten Vertreter mit Maßstäben von 1:250 bis 1:600 schwimmen als »Buddelschiffe« in Flaschen.

Natürlich ist von solch kleinen und kleinsten Schiffchen kein sonderlich großer Detailreichtum mehr zu erwarten, immerhin sollten auch sie bis zu einem Maßstab von 1:600 noch die wichtigsten Deckaufbauten, Beiboote usw. zeigen und selbstverständlich die gesamte, wenn auch vereinfachte, Takelage.

Miniaturmodelle unter 1:1000 müssen naturgemäß noch stärker vereinfacht werden, immer aber sollten sie noch die charakteristische Form von Rumpf und Takelage samt deren richtigen Proportionen aufweisen.

Wem es weniger um das einzelne Schiff, als um eine ganze Sammlung geht – etwa die Entwicklung des Schiffbaus vom Einbaum bis zum Atom-Unterseeboot –, der ist mit diesen Kleinmodellen gewiß nicht schlecht beraten. Auch lassen sich mit solchen Modellchen ganze Seeschlachten, wie Trafalgar oder Lepanto, ohne allzu große Platzprobleme aufbauen.

Kaufen und Sammeln

Wer nicht gerade über ein Schloß als bescheidenes Eigenheim und die beschränkten Einkünfte eines Multimillionärs verfügt, dürfte sich mit dem »Sammeln« von Schiffsmodellen doch einigermaßen schwer tun.

Zum einen sind die Objekte, auch von Großmodellen abgesehen, eher platzraubend und sperrig. Ein Modell im Maßstab 1:50, dem Idealmaßstab, wie viele Kenner behaupten, erreicht sehr schnell eine Länge von eineinhalb Metern und eine Höhe von gut über einem Meter, was für eine Dreizimmer-Neubauwohnung wohl nur in Gestalt von Einzelexemplaren tragbar ist.

Zum anderen kann man ihnen leider nicht eben nachsagen, daß sie wohlfeil wären. Mittelalterliche Votivschiffe, Werft- und gar Admiralitätsmodelle sind praktisch nicht zu bekommen – und wären sie es, man könnte sie nicht bezahlen. Jene herrlichen Zeiten, als der Amerikaner Henry Huddleston Rogers noch Anfang dieses Jahrhunderts etliche Dutzend der schönsten Admiraltymodels fast um ein Butterbrot aufkaufte, sind lang, lang vorbei. Diese Modelle finden Sie nur noch in Museen, dann und wann in einer Kirche, einem Rathaussaal oder bei einem Privatmann, dessen Großvater einst das richtige Gespür hatte.

Zu noch einigermaßen akzeptablen Preisen kann man heute gelegentlich Seemannsmodelle des letzten Jahrhunderts erstehen; die Preise liegen hier von 2000,-- DM aufwärts.

Nun gibt es bei Schiffsmodellen etwas Seltsames: Es kommt oft gar nicht so sehr auf das Alter an, als auf die Qualität, und echte Kenner legen zumeist weniger Wert darauf, aus welchem Jahrhundert das Modell stammt – zumindest wenn es nicht älter als 200 Jahre ist –, als darauf, wie exakt und detailgetreu es ausgeführt ist. So kann es durchaus passieren, daß für ein soeben fertiggestelltes Spitzenmodell ein Vielfaches von einem 150 Jahre alten Seemannsmodell bezahlt wird.

Wer also ein Modellschiff etwa in einem Antiquitätengeschäft oder auf einer Auktion findet, der tut gut daran – wenn er nicht selbst ein profunder Kenner der Materie ist – einen Fachmann hinzuzuziehen. Allerdings sind diese Experten eher rar, im Branchenfernsprechbuch stehen sie gewiß nicht, und Antiquitätenhändler oder Auktionatoren sind sie im seltensten Fall. Wer nun glaubt, eine günstige Gelegenheit oder ein besonders schönes Modell gefunden zu haben, sich aber nicht klar ist, ob der geforderte Preis seine Berechtigung hat, der kann sich an den Arbeitskreis Historischer Schiffbau e. V. wenden. Die Mitglieder des Arbeitskreises sind zwar keine geprüften Schätzer, haben in ihrem Hauptberuf auch selten überhaupt mit Schiffen oder Schiffbau zu tun, doch es finden sich hier so viele echte Experten zum Thema Schiffe und Schiffsmodellbau, daß man bestimmt jemanden in Ihrer Nähe nennen kann, der zumindest in der Lage ist zu beurteilen, ob jener geforderte Preis gerechtfertigt ist oder nicht. Am Ende dieses Buches ist eine Liste mit Qualitätskriterien angefügt, die Ihnen zumindest einen ersten, rohen Anhaltspunkt geben kann, ob es sich überhaupt lohnt, solch einen Fachmann beizuziehen.

Wer nun bei Antiquitätenhändlern und Auktionen kein Glück hat, das richtige zu finden – und bei der Seltenheit des Angebots ist dies durchaus wahrscheinlich –, der aber unbedingt ein Modellschiff sein Eigen nennen möchte, und außerdem sich nicht zutraut, »sein« Modell eben selbst zu bauen, dem bleibt der Weg zu einem guten Modellbauer wohl nicht erspart.

Da es sich auch bei international anerkannten Spitzenmodellbauern aber fast immer um Leute handelt, die das als Hobby, nicht als Beruf betreiben, sind sie zunächst einmal schwer zu finden – der schon erwähnte Arbeitskreis Historischer Schiffbau kann da allerdings wohl den einen oder anderen guten Tip geben. Zum anderen sind Spitzenmodelle nicht eben billig. Von 15000,-- DM aufwärts muß man da durchaus rechnen, je nach Größe und Schwierigkeit des gewünschten Modells, und es ist da weniger das Material, das zu Buche schlägt, als die 1000, 2000, 3000 und mehr Arbeitsstunden, die in so einem Modell stecken, bis jede Pumpe, jeder Beibootriemen, jeder Block und jeder Nagel historisch getreu nachgebaut ist.

Selbstbau

Wem all diese Kosten denn doch ein wenig zu hoch sind, wer trotzdem sein Modellschiff haben möchte und nicht gerade über zwei linke Hände verfügt, dem bleibt immer noch die Möglichkeit, sich sein Traumschiff selbst zu bauen. Gewiß, auch das kostet Geld für Werkzeuge, Pläne, Fachliteratur und viel, viel Zeit, Liebe und Geduld, aber es ist nicht nur eines der schönsten Hobbys überhaupt, und wen es einmal gepackt hat, den läßt es nie wieder los; auch ist die Freude über ein solches Schiff aus der eigenen Werft mit keinem Geld zu bezahlen.

Die Schwierigkeiten beim historischen Schiffsmodellbau werden oft weit überschätzt, und viele Modellbauer unterstützen dieses Fehlurteil nur zu gern und lieben es, im Nimbus unerreichbaren Wissens und Könnens zu glänzen. Was man in Wirklichkeit braucht, sind lediglich ein paar Eigenschaften; besitzt man die freilich nicht, sollte man vom historischen Schiffsmodellbau lieber die Finger lassen.

Da wäre zunächst eine gewisse handwerkliche Geschicklichkeit. Wenn einem auch Maschinen und im Handel erhältliche Kleinteile manche mühsame Bastelei abnehmen, geht es ganz ohne diese Geschicklichkeit nicht. Dann etwas Selbstkritik. Überschätzung der eigenen Fähigkeiten läßt gerade am Anfang viele Modellbauer kläglich scheitern. Das müßte nicht sein, wenn man sich nur rechtzeitig selbst eingestehen würde, daß der prachtvolle Dreidecker des 17. Jahrhunderts das eigene Können einfach noch übersteigt, während die kleine Brigg oder die Hansekogge ein echtes Meisterwerk werden könnten. Ferner etwas Konsequenz. Einmal getroffene Entscheidungen sollte man durchhalten, sonst steht bald die ganze Wohnung voll angefangener und nie fertig gewordener Modelle. Und schließlich als wichtigstes: Geduld, Geduld und nochmals Geduld. Ein historisches Schiffsmodell ist keine Sache, die man an ein paar Wochenenden zusammenleimt. Qualitativ hochwertige Modelle brauchen Zeit, viel, viel Zeit. Spitzenkönner sitzen oft ein, zwei, drei Jahre an einem Schiff. Aber es ist ja nicht nur das fertige Modell, das Freude macht, es ist auch das Bauen selbst: ein gut ausgewogener Anker, ein gelungenes Steuerrad, eine exakt gelegte Tauzurring, eine – vielleicht erst nach dem dritten oder vierten Versuch – hervorragend geschnitzte Galionsfigur . . .

Wenn Sie diese vier Eigenschaften mitbringen, gibt es eigentlich keinen Grund, warum Sie es nicht – wie ja manch anderer auch – bis zur höchsten Meisterschaft im Bau historischer Schiffsmodelle bringen sollten.

Gewiß liefert auch die Industrie viele Einzelteile, ja ganze Modellbaukästen – wir werden darauf gleich noch zu sprechen kommen –, doch man sollte diesen Angeboten grundsätzlich ein sehr gerütteltes Maß an Mißtrauen entgegenbringen!

Plastikmodelle

Seit einer Reihe von Jahren bieten eine wachsende Zahl von Firmen Baukästen mit Schiffsmodellen aus Kunststoff (vulgo »Plastik«) an. Zu ihrem Bau benötigt man außer einem äußersten Minimum an Geschicklichkeit nur etwas Klebstoff und allenfalls ein paar Farben.

Derlei Plastikmodelle mögen ganz geeignet sein, um etwa einen Heranwachsenden zum ersten Mal überhaupt mit der Materie »Schiff« in Berührung zu bringen, und in dieser didaktischen Aufgabe mag auch ihre Berechtigung liegen.

Mit Schiffsmodellen in unserem Sinn haben diese Objekte nichts als einen Teil des Namens gemeinsam.

Kaufhausmodelle

Mit der zunehmenden Beliebtheit alter Schiffe werden auch in Kauf- und Versandhäusern mehr und mehr Modellschiffe, zumeist spanischer Herkunft, angeboten. Die Preise für solche Schiffchen halten sich durchaus in Grenzen – die Qualität auch. Von Plastikmodellen unterscheiden sie sich durch das Material und die, höflich ausgedrückt, »schlichte« Ausführung. Mit Schiffen haben diese billigst zusammengeleimten Dinger wenig, mit historisch gar nichts gemeinsam.

Ein kaum weniger kümmerliches Thema sind jene Modelle, die von diversen Modellbaugeschäften, mitunter sogar Antiquitätenläden, angeboten werden. Für Preise bis zu 3000,-- DM werden da Modelle zum Kauf gestellt, die sich bei näherem Zusehen als nichts weiter denn mehr oder minder ordentlich zusammengebastelte Baukastenmodelle entpuppen. Auch diese Elaborate haben mit »Schiffsmodellen« in der Regel nicht viel mehr als den Namen gemeinsam, und ihren Preis sind sie ebenso wenig wert wie die eben erwähnten Kaufhausmodelle. Wer sein Geld für derlei ausgibt, darf die Gewißheit haben echten Schund zu besitzen.

Zu erwähnen wäre in diesem Zusammenhang noch, daß sich manche dieser Modelle mit einer als »Patina« deklarierten künstlichen Dreckschicht als »alte Seemannsmodelle« zu tarnen versuchen. Ein Fachmann wird sich nicht schwer tun, solche Objekte zu entlarven, doch auch für den weniger Geübten gibt es ein paar Kriterien, mit deren Hilfe er zumindest bis zu einem gewissen Grad »alt« und »auf alt gemacht« unterscheiden kann: Seemannsmodelle stellen in der Regel Schiffe des letzten Jahrhunderts dar, die in der Silhouette ziemlich flach und ohne jegliche höhere Aufbauten an Bug und Heck sind. Hat das Schiff Geschütze, so sind diese auf einem Seemannsmodell fast ausnahmslos aus Holz geschnitzt oder gedrechselt; Metallrohre sollten Sie sofort mißtrauisch machen. Sehen Sie sich die Farben und die Patina an. Nachgemachte Patina ist fast immer zu gleichmäßig aufgetragen und hat keine Abnutzungsstellen. Echte Seemannsmodelle sind mit Schiffslakken bemalt worden, die immer von einem dichten Netz feinster Risse und Sprünge durchzogen sind. Das Tauwerk auf alten Modellen ist in der Regel rauhfasrig , eher dunkel und, da es oft mit Leim bestrichen wurde, ziemlich steif; helles und geschmeidiges Tauwerk sollte ebenfalls Anlaß zu Mißtrauen sein.

Baukastenmodelle

Es ist einfach zum Heulen, was da in bunten Prospekten und aufwendigen Kartonagen, versehen mit aufgeblasenen Werbesprüchen, um teures Geld an minderer Qualität angeboten wird! »Alle Details sind am Modell originalgetreu nachgebildet«, »Der Baukasten ermöglicht einen bis ins Detail naturgetreuen Nachbau dieses berühmten Schiffes«, »Der Baukasten ist eine Kostbarkeit für jeden, der sich einmal mit dem Bau historischer Schiffsmodelle befaßt hat . . .«

Wehe dem Modellbauer, der solchen und ähnlichen Sprüchen vertraut! Wenn er nach dem Kauf des reichlich teuren Baukastens, vieler hundert Stunden Mühe, Sorgfalt und Fleiß, sein fertiges Modell dann einem Fachmann zur Beurteilung vorführt, wird er unvermeidlich erleben, daß dieser entweder mit einem hastig gemurmelten »Sehr hübsch, sehr nett« die Flucht ergreift, oder eine nicht mehr endende Liste an Fehlern aufzuzählen beginnt. Der Schiffsrumpf kommt dabei gewöhnlich noch am besten weg (hier läßt sich von der Modellbaufirma kaum einsparen), schlimmer wird es bei der Takelage, die üblicherweise sträflich simplifiziert wird, und katastrophal sieht es bei der Deckausrüstung, all den Scheibgats, Ruderständen, Knechten, Kreuzhölzern, Pumpen, Beibooten usw., aus, wo die Firmen sparen, wo nur irgend möglich, oder ganz einfach Beschlagteile aus ihrem Programm beipacken, die sie eben haben, auch wenn sie historisch noch so falsch sind. Da findet man Balancierpumpen auf Fregatten des 17. Jahrhunderts und moderne Poller auf Hansekoggen; Beiboote erspart man sich gewöhnlich ganz, oder beschränkt sich auf ein einziges, unproportioniert kleines Bötchen für einen Dreidecker; Reservespieren findet man nie, Speigats höchst selten; Anker werden nie mehr als zwei geliefert (und die stimmen oft nicht), obwohl jedes etwas größere Schiff vier bis fünf in den Fockrüsten hängen hatte; die Flaggen sind mitunter reine Phantasieprodukte . . .

Dies alles könnte einem durchaus den Spaß an Modellbaukästen verleiden, und doch sind sie, zumal für den noch wenig geübten Modellbauer, oft die einzige Möglichkeit praktisch in die Materie einzusteigen. Bleibt also nur, ein oder zwei Baukastenmodelle sozusagen für die Mülltonne zu machen, bis man die nötige Erfahrung hat, ganz allein nach Plan zu bauen? Natürlich nicht!

Aus einem Baukasten kann durchaus ein hochwertiges Modell entstehen, nur darf man sich dabei eben nicht auf das beschränken und verlassen, was die betreffende Firma an Information in Plan und Baubeschreibung, an Material und Beschlagteilen zu liefern gewillt ist.

Ein gründliches Handbuch über historischen Schiffsmodellbau sollte wie Laubsäge, Hammer, Bohrer, Schmirgelpapier und Klebstoff ohnehin zu Ihrer Standardausrüstung gehören. Beschaffen Sie sich darüber hinaus alles an Fachliteratur und Plänen zu Ihrem Schiff (oder zumindest zu Schiffen der gleichen Zeit und des gleichen Landes), dessen Sie habhaft werden können. Mit dieser Fachliteratur bewaffnet arbeiten Sie den Bauplan gründlich durch, korrigieren Fehler, werfen dubiose Beschlagteile hinaus und ersetzen sie durch historisch einwandfreie Teile, ergänzen Vergessenes (oder absichtlich Weggelassenes), wählen besseres Material, prüfen Größenverhältnisse – Steuerruder, Gangspills, Nagelbänke, Pumpenschwengel usw. dürfen nicht größer sein, als daß sie leicht zu erreichen und zu bedienen sind; Treppenstufen, Leitersprossen, Webeleinen müssen der Schritthöhe angepaßt sein, alles Dinge, bei denen die Zeichner von Plänen für Modellbaukästen hemmungslos zu sündigen pflegen. Gewarnt sei auch vor den oft angepriesenen Schmuckelementen und »Schnitzereien« aus Bronzeguß, die in der Regel entsetzlich unnatürlich aussehen. Gewiß, es ist für viele ein Problem, das ganze reiche Schnitzwerk etwa eines Schiffes aus dem 17. Jahrhundert selbst zu machen, doch mit etwas Geduld wird wohl fast jeder etwas Annehmbares zuwege bringen – und das sieht allemal natürlicher und echter aus als die Bronze oder gar Plastik aus dem Baukasten. Und wer sich das wirklich nicht zutraut, der kann ja auf Schiffe vor und nach dieser Epoche ausweichen, die nicht so sehr mit Figuren und Girlanden, Heiligen, Putten, antiken Göttern und Göttinnen, Balustern und Karyatiden überladen sind.

Ein so überarbeitetes Baukastenmodell macht zwar in seiner Ausführung weit mehr Arbeit, und mit dem bequemen »man nehme ein Bauteil, Leim darauf, an die Stelle setzen, fertig« ist es vorbei. Aber solch ein, dann historisch einwandfreies, Modell stellt am Schluß nicht nur ein Vielfaches an Wert dar, es ist auch eine bleibende Freude – und nicht die Quelle ständigen Ärgers, zu dem sich Baukastenmodelle für einen Anspruchsvollen sonst recht oft nur zu bald auswachsen können.

Zum Abschluß drei Modellbaufirmen, die Baukästen herausbringen, die immerhin qualitativ so hochwertig sind, daß sich ein Korrigieren und Umbauen verlohnt:

Aero-naut Modellbau, Reutlingen
Corel, Mailand
C. Mamoli, Mailand

Planmodelle

Wer erst einmal so weit vorgedrungen ist, daß er ein Modellschiff nur nach Plan zu bauen imstande ist, dem stehen nun wirklich alle Möglichkeiten offen. Wer sich gar die notwendigen Kenntnisse angeeignet hat, um wissenschaftlich hieb- und stichfeste Rekonstruktionen zu machen, seine Pläne selbst zu zeichnen, der hat, zumindest auf dem theoretischen Sektor, die Meisterschaft erreicht.

Das sind dann die Leute, die durch die Museen gehen, hier über einen zu plump geratenen Fock-Stengstag-Leitblock die Nase rümpfen und dort über die elegante Linienführung einer Fregatte oder Schebecke in Verzückung geraten; jene, die Tage und Wochen in Schiffsplänen und -rissen verschwinden, und aus einem, für Laien recht rätselhaften, Liniengewirr vor ihrem geistigen Auge das dreidimensionale Bild eines Schiffes entstehen lassen können.

Diese Fähigkeit erwirbt man freilich nicht von heute auf morgen, und auch wohl nie ganz allein durch die Theorie. Wer sich für alte Schiffe begeistert, der sollte, auch wenn er glaubt zwei linke Hände zu haben, doch wenigstens den einen oder anderen praktischen Versuch selber wagen – wie das Resultat auch immer ausgehen mag, er wird plötzlich Schiffsmodelle mit ganz anderen Augen zu sehen beginnen! Den prachtvollen Dreidecker für die Wohnzimmervitrine mag einer, der das nötige Geld hat, sich von jemand anderem bauen lassen – das Wikingerschiff, die Hansekogge, die kleine Brigg, die er schlecht und recht irgendwann einmal selbst zusammengebastelt hat, werden ihm erst die wirkliche Freude an seinem Prunkstück vermitteln können.

Es mag schon sein, daß die historischen Schiffsmodellbauer ein vielleicht ein bißchen arroganter, auf jeden Fall ein recht exklusiver Verein sind, doch ist es eben auch so, daß ein gutes Modellschiff in all seinen Feinheiten auch nur von einem Schiffsmodellbauer wirklich erkannt und gewürdigt werden kann.

Nun gibt es zahlreiche Planeditionen von höchst unterschiedlicher Qualität. Ob man selbst baut, bauen läßt, oder sich nur in der Theorie mit Schiffen und Schiffsmodellen befaßt, Pläne gehören allemal dazu. Ich habe im folgenden eine Liste der wichtigsten und bekanntesten Planeditionen zusammengestellt und mir auch erlaubt, sie in qualitativer Hinsicht ein wenig zu kommentieren:

Aero-naut Modellbau A. Eggenweiler, Reutlingen
Gut und im Detail sehr gründlich gezeichnet. Historisch zuverlässig, sollten aber im Detail überarbeitet und ergänzt werden.

Aeropiccolo, Turin
Mäßig gezeichnet. Historisch unzuverlässig und fast ohne Details. Unbrauchbar.
Edizioni Amati, Turin
Aufwendig gezeichnet. Historisch unbrauchbar und auch durch Überarbeiten nicht zu retten.
Association des Amis des Musées de la Marine, Paris
Spitzenpläne! Sehr gut gezeichnet, durch den großen Detailreichtum auf engem Raum manchmal etwas unübersichtlich. Historisch absolut zuverlässig.
William A. Baker, Hingham/Massachusetts
Sehr sauber und übersichtlich gezeichnet. Historisch zuverlässig und sehr gut im Detail.
Billing boats, Lunderskov
Schlampig gezeichnet. Historisch einigermaßen brauchbar, doch nicht sehr exakt im Detail und nur mit starken Einschränkungen brauchbar.
Frederik Henrik af Chapman, Architectura Navalis Mercatoria
Spitzenpläne! Sehr gut gezeichnet. Historisch absolut zuverlässig (Originalpläne des 18. Jahrhunderts). Es werden allerdings nur die Rümpfe gezeigt, Ausrüstung und Takelage müssen selbständig ergänzt werden.
Modellbaureihe, Verlag Delius, Klasing & Co., Bielefeld
Sehr sauber und übersichtlich. Historisch zuverlässig.
Dr. Franco Gay, Rom
Sauber und übersichtlich gezeichnet. Historisch zuverlässig und gut im Detail.
Johannes Graupner, Kirchheim-Teck
Sehr sauber und übersichtlich gezeichnet. Historisch unterschiedlich zuverlässig, müssen in Detail und Takelage gründlich überarbeitet werden.
Vincenzo Lusci, Florenz
Im allgemeinen sauber und auch im Detail gründlich gezeichnet. Historisch sehr unterschiedlich in der Qualität, teils ausgezeichnet, teils miserabel und mit groben Fehlern behaftet. Eine gründliche Überarbeitung und Prüfung ist dringend anzuraten.
Vice-Amiral E. Pâris, Souvenirs de Marine, Paris
Spitzenpläne! Sehr gut gezeichnet. Historisch absolut zuverlässig. Diese Pläne setzen allerdings gewisse technische und historische Kenntnisse voraus.

Harold A. Underhill, Glasgow
Spitzenpläne! Sehr sauber gezeichnet. Historisch zuverlässig.
Collection Archéologie Navale Francaise
Brillant! Derzeit das absolute Optimum, allerdings erfreuen sich die Bücher dieser Reihe auch eines höchst stolzen Preises.
Historische Schiffsmonographien, Mosaik Verlag, München
Die im Sommer 1981 startende Reihe bietet ebenfalls kaum noch zu übertreffende Spitzenqualität sowohl in Zeichnungen und Plänen wie in der historischen Genauigkeit, freilich zu erheblich zivileren Preisen als die französische Reihe.

Oben: Das vermutlich älteste bekannte Schiffsmodell der Welt, ein prädynastisches Tonmodell aus Ägypten. Seine zeitliche Einordnung ist schwierig, es dürfte aber mindestens 6000 Jahre alt sein.
Mitte: Ein prädynastisches Elfenbeinmodell aus Ägypten der thinitischen Zeit um 3000 vor Christus.
Unten: Etwa aus der gleichen Zeit stammt dieses Tonmodell eines altägyptischen Schiffes.

Oben: Fischstecher auf einem Papyrusboot aus dem Mittleren Reich Ägyptens, das man von 2040 bis 1780 v. Chr. rechnet.
Unten: Ägyptisches Flußboot aus dem Mittleren Reich mit Segel und voller Besatzung.

Oben: Ägyptisches Flußboot (aus dem Mittleren Reich), das von Riemen angetrieben wird, während Mast und Rah umgelegt und geborgen sind.

Unten: Eine Totenbarke aus dem Mittleren Reich. Unter dem Baldachin in der Schiffsmitte ruht die Mumie des Verstorbenen von Verwandten und Priestern umgeben.

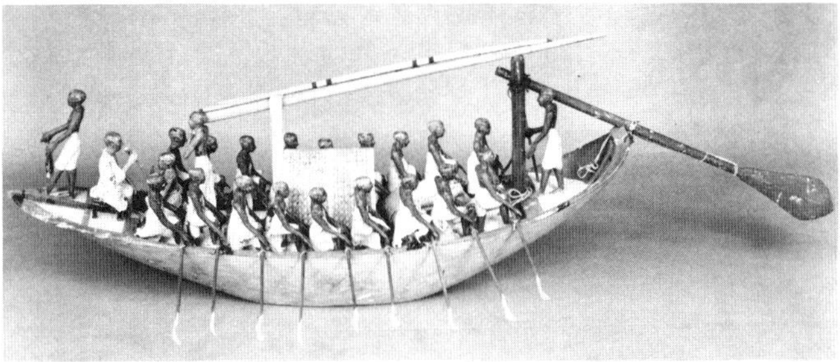

Alabasterbarke aus dem Grabschatz des Königs Tut-Anch-Amun, der 1335 v. Chr. verstarb. Ein Geschenk der Prinzessin Mutnedjemet.

Zwei ägyptische Flußbarken aus dem Neuen Reich zwischen 1580 und etwa 700 v. Chr. Am Bug der Lotse mit Stange oder Lot, um die Tiefe der Fahrrinne zu prüfen.

Ägyptisches Götterschiff aus ehemals vergoldeter Bronze, als Spitze einer Prozessionsstange verwendet. In der Mitte des Schiffes der Götterschrein, auf dessen Dach der Hor-Falke thront. Das Modell entstand um 1200 v. Chr.

Oben: Silberboot aus Ur in Chaldäa um 3500 v. Chr. Als Balam bezeichnet findet man diesen Bootstyp heute noch in der Euphrat-Tigris-Mündung.

Mitte oben: Ein Modellboot aus Bitumen aus Ur in Chaldäa um 3400 v. Chr.

Mitte unten: Tonmodell eines Bootes aus Cypern um 800 v. Chr. Sehr schön wird hier die Fischform zumal der Kriegsschiffe des griechischen Raumes deutlich.

Unten: Kretisches Bootsmodell aus Ton, das um 2600 v. Chr. datiert wird, gefunden in Mochlos.

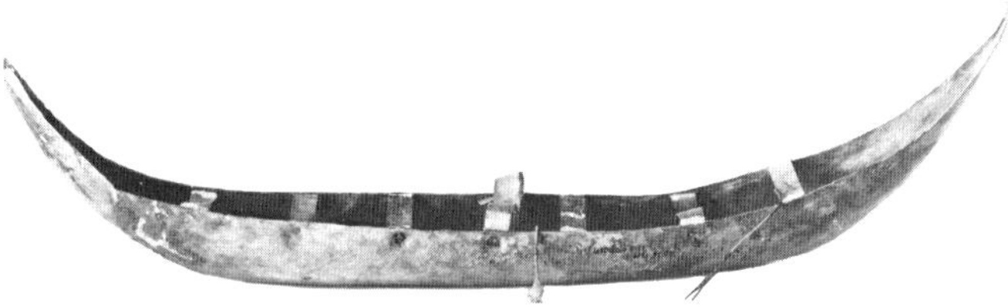

Oben: Tonmodell eines Handelsschiffes aus Cypern um 800 v. Chr. Unten: Tonmodell eines großen Handelsschiffes, ebenfalls aus Cypern und um 800 v. Chr. Die hochgezogenen Hörner am Heck waren wieder im Mittelalter auf Schiffen des Mittelmeeres weit verbreitet.

2127

Zwei italische Bronzemodelle aus Sardinien mit dominierenden Galionsfiguren am Bug um 800 v. Chr.

Die weltberühmte Nike von Samotrake aus dem 4. vorchristlichen Jahrhundert steht auf dem Bug eines griechischen Kriegsschiffes. Das Schiff ist eine Diere mit jeweils paarweise angeordneten Riemengruppen. Trieren führten Dreiergruppen von Riemen.

Drei griechische Tonmodelle.
Oben: Ein Kriegsschiff aus Sparta um 600 v. Chr.
Mitte: Eine Öllampe in Form eines Kriegsschiffes der gleichen Zeit. Im Heck sitzt der Triarch, der Kommandant, auf seinem Sessel.
Unten: Ein Handelsschiff aus Tarent um 600 v. Chr.

Oben: Dieser römische Trinkbecher aus dem 2. nachchristlichen Jahrhundert wächst aus dem Bug eines Kriegsschiffes heraus.
Unten: Steinmodell eines römischen Weinfrachters vom Rhein.

Die Apostelfürsten Peter und Paul im Schiff der Kirche, *ein Bronzemodell aus dem 5. nachchristlichen Jahrhundert.*

Modell einer katalanischen Nao von 1450. Mit diesem Modell, das aus der Kirche von Mataró in Nordspanien stammt, begann in Europa nach Jahrhunderten wieder der Modellschiffbau.

Trotz Beschädigungen und unsachgemäßer Restaurierung »das schönste Modell eines Schiffes des 16. Jahrhunderts«. Dieses prachtvolle Modell einer spanischen Galeone schenkten königstreue Flamen 1597 Philipp II. von Spanien.

Das Votivschiff aus Sta. Cruz de la Palma aus der Mitte des 16. Jahrhunderts. Typisch für Votivmodelle, die ursprünglich in Prozessionen mitgetragen wurden, ist die überhohe Takelage.

Bug und Heck der Votiv-Galeone aus Sta. Cruz de la Palma. Höchst interessant ist die aus Mensch und Löwe zusammengesetzte Galionsfigur und die in Tafelbildmanier gefertigten Evangelisten am Heckspiegel um die Madonna – eines der wenigen authentischen Zeugnisse von Schiffen, wie sie Spanien bei der Eroberung der Neuen Welt verwendete.

Ein Modellschiff, das der berühmte englische Schiffsbaumeister Phineas Pett um 1600 als Spielzeug für den späteren König Charles II. baute.

Oben: Modell einer Katalanischen Schebecke des 18. Jahrhunderts, die wohl ein Seemann als Votivschiff erbaute.
Unten: Das Votivmodell einer schweren spanischen Galeone aus Utrera um die Mitte des 16. Jahrhunderts.

Holländische Fleute, das wohl häufigste und beliebteste Handelsschiff des 17. Jahrhunderts. Die oben stark eingezogene Form rührte daher, daß der Zoll im dänischen Sund nach der Breite des Oberdecks berechnet wurde.

Das holländische Kriegsschiff Zeelandia *von 1662. Mit ihren 60 Geschützen war die* Zeelandia *eines der typisch niederländischen Kriegsfahrzeuge jener Epoche. Die wellenförmige Wasserlinie sollte im Zusammenspiel mit den echten Wellen dem Gegner ein schnelleres Vorbeifließen des Wassers und damit eine höhere Geschwindigkeit vorspiegeln.*

Der Heckspiegel der Zeelandia *mit dem Wappen von Seeland, gehalten von den holländischen Löwen.*

Heckspiegel des dänischen Dreideckers Sophia Amalia *von 1649. Die beiden wilden Männer halten das große Reichswappen, das von den Einzelwappen der Provinzen umgeben ist. Unter dem Wappen hängt das Kleinod des Elefantenordens, des höchsten dänischen Ordens, darunter ist die Figur der Königin Sophia Amalia zu sehen, nach der das Schiff benannt wurde.*

SOPHIA AMALIA

Der englische Dreidecker HMS St. Michael *von 1669 zählte als Linienschiff 2. Ranges mit über 80 Geschützen zu den größten und prunkvollsten Einheiten der königlich britischen Flotte jener Zeit.*

Nur an der Flagge ist dieser dänische Zweidecker von einem holländischen Schiff zu unterscheiden. In der zweiten Hälfte des 17. Jahrhunderts bauten viele Länder, so Dänemark, Schweden, Deutschland und Rußland, ihre Schiffe nach holländischem Vorbild. Das Modell wurde vor wenigen Monaten fertiggestellt.

Oben: Blick auf Kuhl und Back des dänischen Zweideckers.
Unten: Blick auf Kampanje und Pupp.
Trotz oft recht beachtlicher Größen solcher Schiffe herrschte, zumal auf Kriegsfahrzeugen, zwischen Geschützen, Beibooten, Spills, Betingen, Knechten und den zahllosen aufgeschossenen Enden des stehenden und laufenden Gutes an Bord eine oft qualvolle Enge.

Auch das Heck dieses dänischen Zweideckers ist ganz dem holländischen Vorbild nachempfunden.

Heckspiegel des englischen Linienschiffes HMS Boyne *von 1790. Auf der Titelseite ist die Galionsfigur dieses Schiffes abgebildet.*

Der fast überreich geschnitzte und vergoldete Heckspiegel der Royal Louis *in den traditionell französischen Farben Blau und Gold gehalten, während die Holländer Grün und Gold, die Spanier Rot-Grün und Gold bevorzugten.*

Das reich geschmückte Achterschiff des französischen Dreideckers Royal Louis *von 1690.*

Der Ostindienfahrer Oostrust *von 1721. Mit solchen Schiffen errichteten die Holländer ihr Kolonialreich in Indochina und Indonesien.*

Das französische Linienschiff 1. Ranges La Sans-Pareil *von 1757. Dieses mächtige Kriegsschiff verfügte über 108 Geschütze in drei Batteriedecks. Der Rumpf war 60 Meter lang, 16,25 Meter breit, der Großmast ragte 51,5 Meter über das Großdeck empor und die Besatzung bestand aus 1260 Mann.*

Heckspiegel eines schwedischen Zweideckers aus dem späten 17. Jahrhundert. Die Ähnlichkeit mit niederländischen Schiffen der gleichen Epoche ist nicht zu übersehen.

Die englische Smack Comet *von 1809, ein eher kleines, jedoch sehr schnelles Handelsschiff, getakelt nach der Art der berühmten Marinekutter.*

Der holländische Ostindienfahrer Gerechtigheid *aus der Mitte des 18. Jahrhunderts. Obwohl reine Handelsschiffe waren die Ostindienfahrer gut bewaffnet, was angesichts der Tüchtigkeit chinesischer, arabischer und europäischer Piraten auch dringend erforderlich war.*

Ein englischer Ostindienfahrer um 1815. Auch dieses Schiff war auffallend gut bewaffnet, mußte es auch sein, denn besonders durch französische Korsaren gingen immer wieder Schiffe samt ihrer kostbaren Fracht verloren.

Der britische Kauffahrer Mars *aus Bristol von 1779.*

Die Korvette La Créole *wurde um 1800 erbaut. Sie war extrem schnell und gehörte dem berühmten Korsaren und Reeder Robert Surcouf aus St. Malo.*

Boeier von 1751, ein kleiner niederländischer Küstenfahrer, wie er in zahllosen Versionen bis heute noch in Gebrauch ist.

Zwei Prisoner-of-war-Modelle aus Knochen, gefertigt von französischen Kriegsgefangenen der napoleonischen Kriege. Oben: Eine französische 40-Kanonen-Fregatte. Unten: Ein französisches Linienschiff 1. Ranges mit drei Batteriedecks und 120 Geschützen.

Gefangenenmodell aus Knochen um 1800. Dargestellt ein britisches Linienschiff 1. Ranges mit 110 Geschützen in drei Batteriedecks.

Oben: Knochenmodell des französischen Zweideckers Le Verguer, *der am 1. Juni 1794 im Kampf gegen die Engländer sank. Das Modell – eines der ersten seiner Art – wurde von französischen Kriegsgefangenen 1798 in Porchester Castle angefertigt.*

Unten: Ein besonders schönes Prisoner-of-war-Modell einer französischen 40-Kanonen-Fregatte.

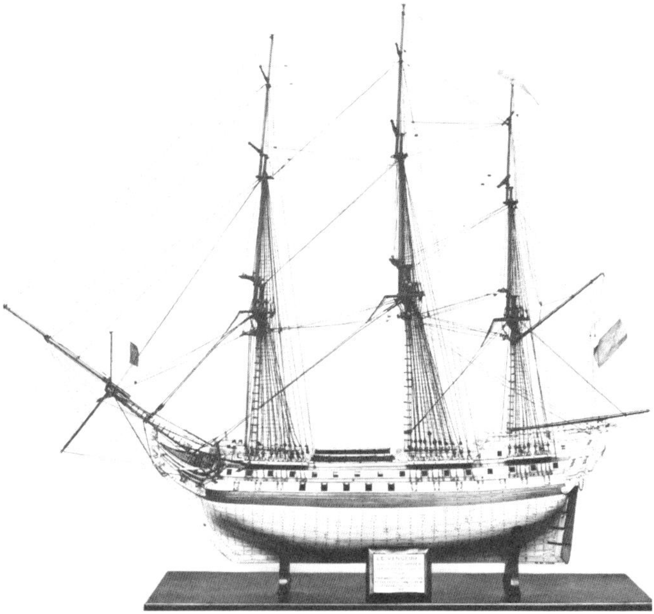

Französische Schebecke des 18. Jahrhunderts. Ursprünglich von algerischen Piraten entwickelt, wurde dieser extrem schnelle und wendige Schiffstyp bald auch in den Kriegsmarinen Spaniens, Frankreichs und der italienischen Staaten beliebt. Das Modell stammt aus unserem Jahrhundert.

Arabische Piratenghanja, wie sie im Roten Meer und Indischen Ozean im 18. und 19. Jahrhundert häufig anzutreffen war. Was diesen Schiffen an Größe und schwerer Bewaffnung fehlte, ersetzten sie durch Wendigkeit und hervorragende Segeleigenschaften. Ein Museumsmodell des 20. Jahrhunderts.

Eine portugiesische Karavelle der zweiten Hälfte des 16. Jahrhunderts, bei deren Grundkonstruktion die Formen westarabischer Daus Pate gestanden haben. Das Modell stammt aus unseren Tagen.

Vor- und Achterschiff der portugiesischen Karavelle. Berühmt wurde dieser Schiffstyp durch die Erforschung des Seewegs nach Indien, der in der zweiten Hälfte des 15. Jahrhunderts von Dom Henrique o Navigador (Prinz Heinrich der Seefahrer) initiiert und vorangetrieben, 1497 mit der Fahrt Vasco da Gamas seinen krönenden Abschluß fand.

Oben: Eine indische Pallar, ein Fracht- und Reiseboot vom Ganges.
Unten: Eine Geh-luoi-rung aus Vietnam, nördlich von Saigon beheimatet.
Beide Modelle entstanden vor wenigen Jahren.

Ein in Europa gebautes Modell einer Futschou-Dschunke mit reich bemaltem Heckspiegel, wie sie seit dem Spätmittelalter bis in unser Jahrhundert segelt. Modelle der hübschen und eleganten Futschou-Dschunken werden heute z. B. in Hongkong gerne für Touristen gebaut. Museumsmodell des 20. Jahrhunderts.

Eine Antung-Dschunke wie sie vom Hochmittelalter bis Anfang, des 20. Jahrhunderts in China verwendet wurde. Wie die Futschou-Dschunken wurden sie von den Engländern meist als »Stock Junks« – StangenholzDschunken – bezeichnet, da sie hauptsächlich für den Transport von Nutz- und Edelhölzern verwendet wurden. Typisch für chinesische Dschunken sind die mit Spreizlatten verstärkten Luggersegel. Das Modell entstand Anfang unseres Jahrhunderts.

1938

Oben: Chinesische Kriegs-Dschunke, wie sie noch Anfang dieses Jahrhunderts verwendet wurde.
Unten: Japanisches Kriegsboot.
Beide Modelle entstanden in unserem Jahrhundert.

Oben: Staatsschiff des Schoguns. Die Schogune, eigentlich Reichsfeldherren, führten seit dem Mittelalter praktisch die Staatsgeschäfte an Stelle des Tenno. An der Reling sind die, Hata und Umairuschi genannten, Feldzeichen aufgesteckt, das Segel zeigt das Mon (Wappen) der Schogunen-Dynastie der Togugawa.

Unten: Japanisches Handelsschiff.

Beide Modelle wurden für Museumszwecke in unserem Jahrhundert gebaut.

1390

Drei chinesische Originalmodelle aus Speckstein und Jade geschnitzt, die bei höchster Kunstfertigkeit nur wenig mit europäischen Modellschiffen gemein haben. Alle drei Modelle entstanden wohl im 18. Jahrhundert.

Das Material dieser beiden prunkvollen chinesischen Kriegsfahrzeuge ist filigran geschnitztes Elfenbein. Beide Modelle stammen aus dem 18. oder 19. Jahrhundert.

Bug des französischen Linienschiffes 2. Ranges Le Glorieux *von 1680.*

Der Verfasser baute dieses Modell vor wenigen Jahren.

Rumpfmodell des französischen 70-Kanonen-Schiffes Le Glorieux *von 1680, das zeitweilig dem Korsaren Jean Bart als Flaggschiff diente. Die französischen Kriegsschiffe jener Epoche galten als die besten der Welt.*

Heck der Le Glorieux. *Das Modell zeigt den Heckspiegel dieses Schiffes, wie er tatsächlich ausgesehen haben dürfte, der Entwurf war weit prunkvoller. Pierre Puget, dem die Ausstattung der französischen Flotte übertragen war, überlud das Heck vieler Schiffe derart mit schweren, eichengeschnitzten und reich vergoldeten Heiligen, antiken Göttern, Emblemen und Wappen, Balustern, Girlanden, Putten und Meerungeheuern, daß die verzweifelten Kapitäne nach dem Auslaufen das meiste davon einfach herunterschlagen und »in den Bach« werfen ließen, um die hoffnungslos hecklastigen Schiffe wieder seetüchtig zu machen.*

GLORIEUX

Oben: Spantenmodell einer Jacht des dänischen Königs um die Wende vom 17. zum 18. Jahrhundert. Der Elefant ist das Emblem des dänischen Elefanten-Ordens.

Unten: Heck des französischen Linienschiffs 1. Ranges Bretagne. *Das Modell ist derzeit noch im Bau.*

Der französische Dreidecker Bretagne *mit 100 Kanonen aus der zweiten Hälfte des 18. Jahrhunderts.*
Oben: Seitenansicht.
Unten: Aufsicht auf die Decks.

Oben: Spantenmodell eines englischen Dreideckers aus der zweiten Hälfte des 17. Jahrhunderts.
Unten: Spantenmodell eines französischen Dreideckers aus der gleichen Epoche.
Beide Modelle stammen aus der Zeit.

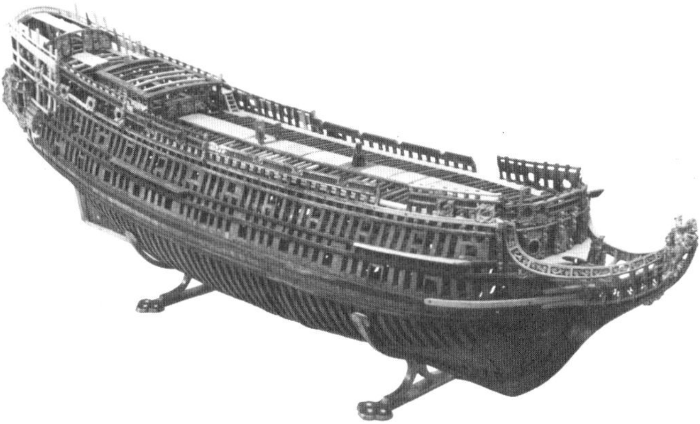

Rumpfmodell des englischen 60-Kanonen-Schiffes HMS Achilles *von 1757. Eines der wenigen voll geplankten Admiraltymodels und eines der schönsten Schiffe seiner Zeit.*

Oben: Rumpfmodell des französischen Linienschiffes 2. Ranges Le Brillant *von 1690.*
Mitte: Rumpfmodell einer englischen 18-Kanonen-Brigg, wie sie um 1800 in der britischen Marine allgemein üblich war.
Unten: Rumpfmodell der englischen Handelsfregatte Vimiera *von 1848, die deutlich die Weiterentwicklung der gebräuchlichen Rumpfformen demonstriert.*
Alle drei Modelle stammen aus der Zeit.

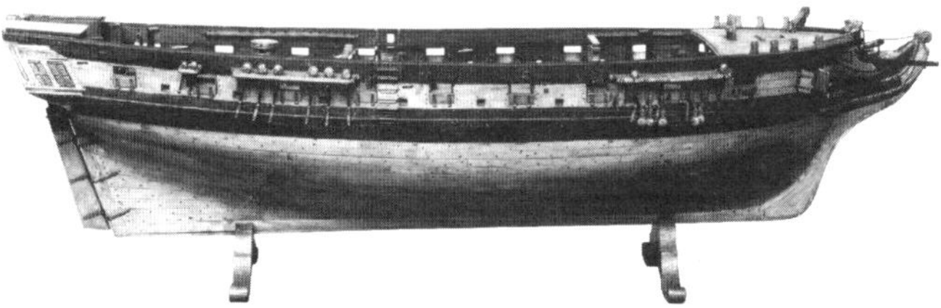

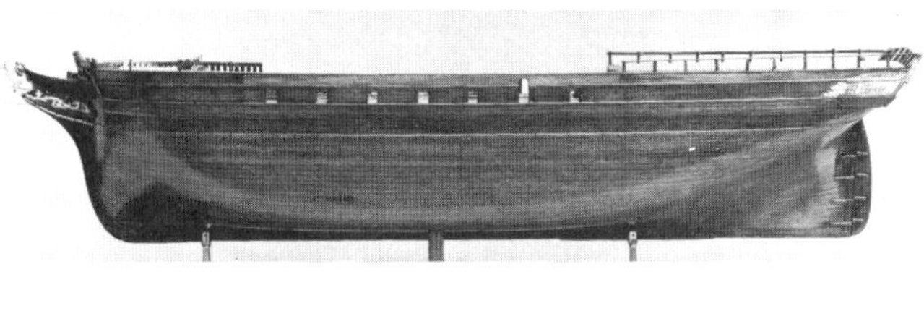

Galion von zwei französischen originalen Rumpfmodellen.
Oben: Die Le Capricieux *von 1695.*
Unten: Die Dauphine Royal *von 1752.*

Heckspiegel des englischen Admiraltymodels der Royal George, *eines Linienschiffes 1. Ranges von 1756 mit den damals üblichen Balkonen am Heck. Auch Nelsons berühmte* Victory *sah so ähnlich aus, ehe sie Ende des 18. Jahrhunderts umgebaut wurde und ihr allgemein bekanntes Aussehen erhielt.*

ROYAL GEORGE.

Oben: Admiraltymodel einer königlichen Jacht um 1690, an der man besonders gut die für diese Modellform typische Konstruktion von Kiel, Kielschwein und Spanten studieren kann.
Unten: Admiraltymodel des Linienschiffes 1. Ranges mit 100 Geschützen Royal George *ex* Naseby. *1655 als Flaggschiff der englischen Flotte von Oliver Cromwell erbaut, wurde sie zu dem Schiff, das die Stuarts nach England zurückbrachte.*

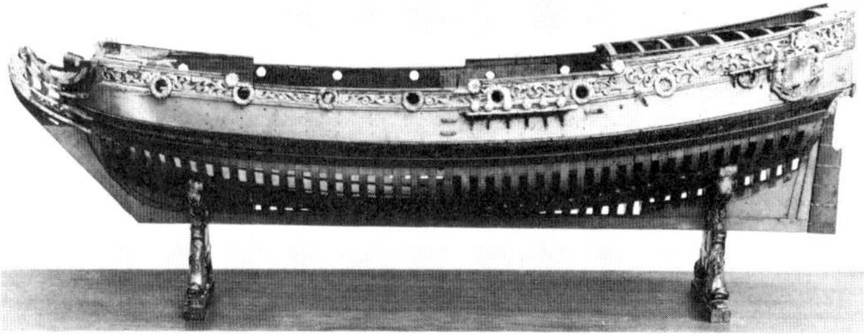

Der reich geschnitzte Heckspiegel der Royal George *noch mit dem Wappen aus der Zeit des Commonwealth Cromwells. Die* Royal George *ex* Naseby *ist damit als eines der ersten und ältesten Admiraltymodels ausgewiesen, das etwa um 1653 entstanden sein muß.*

Das Admiraltymodel des englischen Linienschiffes 1. Ranges mit 100 Kanonen an Bord HMS Prince *von 1670 gilt als eines der schönsten und prunkvollsten Modelle, die je gebaut wurden.*

Das reich geschmückte und in den traditionellen englischen Farben Schwarz und Gold gehaltene Heck der HMS Prince.

Oben: Back und Backschott der HMS Prince *mit dem geschnitzten und vergoldeten Glockenstuhl für die Schiffsglocke.*
Unten: Das Kampanjeschott unmittelbar hinter dem Großmast mit den elegant geschwungenen Treppen der HMS Prince.

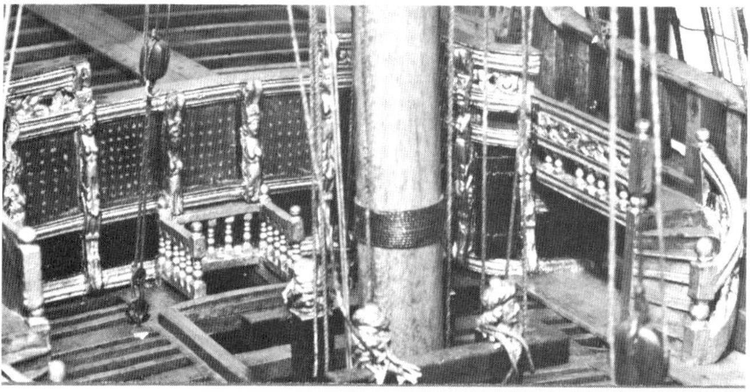

Galion und Bugschott mit Bugspriet und den Fock- und Großuntermasten der HMS Prince *zeigen besonders eindrucksvoll die überaus reiche Ausstattung dieses Schiffes wie das für den Laien so verwirrende und doch in sich so logische Gewirr der Takelage.*

Königliche Jacht der Stuarts um 1675, eines der seltenen auch mit Segeln ausgerüsteten Admiraltymodels.

Das gleiche Schiff von achtern. Jachten waren ursprünglich kleine Kriegsschiffe in Holland. Als der niederländische Generalstatthalter zwei von diesen Schiffen dem englischen König schenkte, verfiel dieser auf die Idee mit den schnellen Schiffchen Rennen abzuhalten – der Beginn des Jachtsportes, wie wir ihn heute noch kennen.

Vollmodell ohne Segel einer englischen Fregatte von 1790, das schön die filigrane Zeichnung der Masten, Rahen, Stengen und des Tauwerks sehen läßt.

Das Galion des englischen Linienschiffes 2. Ranges HMS St. Michael *von 1669. Lange Zeit hielt sich die Meinung, daß die auf den Modellen prunkvoll vergoldeten Schnitzereien in Wirklichkeit lediglich mit gelber Farbe angestrichen waren. Seit nun im Hafen von Stockholm die* Wasa *gehoben wurde, an deren über 700 Skulpturen überall Reste von Blattgold festgestellt werden konnten, kann als erwiesen gelten, daß nicht nur für die Modelle sondern auch für die Originalschiffe echtes Blattgold verwendet wurde.*

Fast verwirrend erscheint hier die segellose Takelage des französischen Linienschiffes Le Triomphant *aus dem frühen 19. Jahrhundert. Das Modell wurde im späten 19. Jahrhundert für Museumszwecke gebaut.*

Die norwegische Brigantine Leon *von 1880, ebenfalls ein sehr schönes Beispiel für die Reize eines Modells ohne Segel. Das Modell stammt aus unseren Tagen.*

Die französische Dampf-Segel angetriebene Panzerkorvette La Jeanne d'Arc *von 1867. Bemerkenswert die an den Rahen mit einem dicken Bausch in der Mitte geborgenen Segel; so müssen an der Rah geborgene Segel aussehen, sind sie als gleichmäßige Wurst – wie oft zu sehen – auf die ganze Rahlänge verteilt, so ist dies historisch falsch. Das Modell wurde im letzten Jahrhundert für Museumszwecke gebaut.*

HMS Victory, *das Flaggschiff Lord Nelsons in der Schlacht bei Trafalgar 1805. Ein sehr schönes Beispiel für ein Modell mit teilweise gesetzten Segeln. Das mehrfach preisgekrönte Modell wurde vor wenigen Jahren gebaut.*

Das Heck der HMS Victory.

VICTORY

Die Sakoleva Eleytheria *aus den griechischen Unabhängigkeitskriegen zwischen 1821 und 1840. Auf diesem eher kleinen Schiff vereinigen sich fast alle wichtigen europäischen Segelformen: Gaffel- und Querrahsegel am Großmast, Luggersegel an der Großstenge, Stagsegel zum Bugspriet und ein Lateinersegel am Besanmast. Der Verfasser baute dieses Modell vor einigen Jahren.*

Die englische Galeone Elisabeth Jonas *aus der Armadaschlacht gegen die spanische Invasionsflotte 1588. Das Modell ist in der üblichen klassischen Bauform ausgeführt.*
Das Modell wurde vor etlichen Jahren für Museumszwecke erbaut.

Das gleiche Schiff noch einmal, diesmal allerdings als Wasserlinienmodell, was einen ungemein realistischen Eindruck des Schiffes, wie es damals auf den Wellen schwamm, vermittelt.

Der Passagierdampfer Servia *der Cunard-Linie aus Liverpool mit Hilfsbesegelung aus dem Jahr 1881. Obwohl die Dampfmaschinen längst den alleinigen Antrieb der großen Passagier- und Frachtschiffe bestritten, mißtraute man lange Zeit der »modernen« Technik und rüstete die Schiffe sicherheitshalber immer noch mit Segeln aus.*

Oben: Gesamtansicht der Servia.

Unten: Das Heck der Servia. *Man beachte die Reserveschraube auf dem Puppdeck.*

Das Modell stammt aus unseren Tagen.

Oben: Die beiden Schornsteine und der Unterteil des Großmastes der Servia.

Unten: Die Kommandobrücke –, ein recht ungemütlicher Aufenthalt bei schlechtem Wetter, der aber so lange notwendig erschien, als man mit Segelmanövern rechnete.

Das Vorschiff mit dem Fockmast der Servia.

Zwei Modelle von Rumpfquerschnitten am Hauptspant englischer Kriegsschiffe. Sehr gut an diesen Modellen ist der Innenbau und die Raumaufteilung zu sehen.
Oben: Die HMS Vanguard *von 1835.*
Unten: Die HMS Rodney *von 1833.*
Beide Modelle wurden für Museumszwecke im späten 19. Jahrhundert angefertigt.

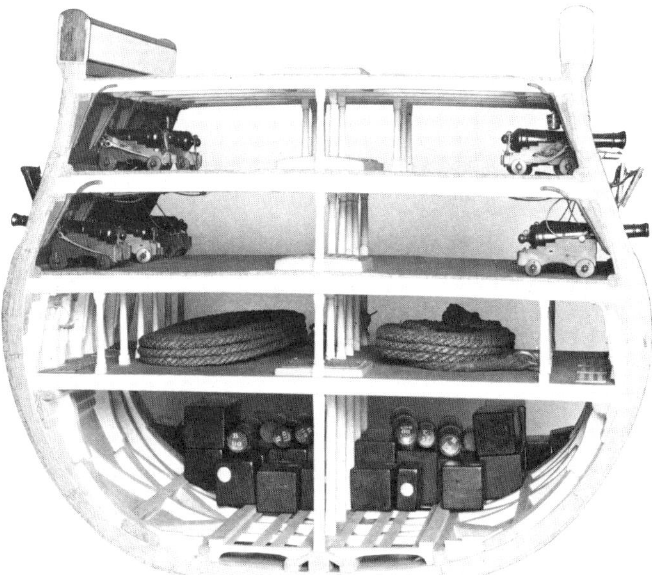

Die Sovereign of the Seas *von 1636. Das größte Schiff seiner Zeit und das am prunkvollsten geschmückte Schiff, das je gebaut wurde. Die Holländer nannten die* Sovereign *wegen ihrer zahllosen vergoldeten Schnitzereien und ihrer Kampfkraft respektvoll nur den* Goldenen Teufel.
Das Modell wurde erst vor kurzem fertiggestellt.

Das gleiche Modell der Sovereign of the Seas. *Während die Steuerbordseite voll geplankt ist, wurde auf der Backbordseite Beplankung und Spanten teilweise weggelassen, um einen Einblick in das Innere des Schiffes zu geben.*

Buddelschiffe sind wohl die allgemein bekannteste Form von Miniaturmodellen.
Diese beiden Modelle sowie die Modelle auf den Seiten 217 und 219 wurden erst vor kurzem angefertigt.

Es gibt wohl keinen Schiffstyp, den nicht irgendein begeisterter Buddelschiffbauer irgendwann einmal in eine Flasche gezaubert hätte; am beliebtesten und geeignetsten sind freilich die Schiffe des 19. Jahrhunderts mit ihren schmalen, niedrigen Rümpfen, die sich am leichtesten durch den engen Flaschenhals bugsieren lassen.

Buddelschiffe im Bau. Oben auf der Helling, unten in der noch unverkorkten Flasche, aus deren Hals die Schnüre hängen, mit denen die Takelage aufgerichtet wurde.

Oben: Griechische Trekandini, ein im letzten Jahrhundert sehr beliebter Handelsschiffstyp der Ägäis.
Mitte: Das französische Linienschiff Diamant *mit 52 Kanonen von 1759.*
Unten: Das französische Linienschiff L'Indomptable *mit 112 Geschützen von 1794.*
Diese drei Miniaturmodelle wie die Modelle auf den Seiten 223 und 225 sind hier im Buch in Originalgröße (!) wiedergegeben. All diese Modelle sind im Stil der letzten Jahre entstanden.

Oben: Französische Galeere aus der zweiten Hälfte des 17. Jahrhunderts.

Mitte: Eine große Schebecke mit Fregatt-Takelung aus Marseille von 1785.

Unten: Das spanische Linienschiff Conquestador *von 1762.*

Oben: Das englische Linienschiff Herkules *mit 74 Kanonen von 1757.*

Mitte: Die preußische Fregatte König von *Preußen* von 1750.

Unten: Französisches Linienschiff Formidable *mit 80 Geschützen von 1759.*

Oben: Modell des Hjortspringbootes, des ältesten Schiffes, das in Nordeuropa gefunden wurde und das man auf das 2. vorchristliche Jahrhundert datiert.
Mitte und unten: Zwei Wikingerschiffe aus dem 10. Jahrhundert, das Modell in der Mitte ist nach dem Gokstad-Fund gebaut. Alle drei Modelle wurden im 20. Jahrhundert für Museumszwecke gebaut.

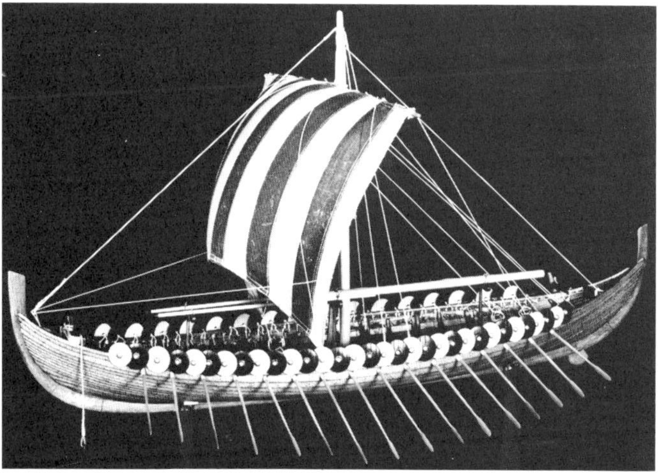

Ein Normannenschiff aus dem 13. Jahrhundert, das im Rumpf zwar noch an die Wikingerschiffe erinnert, jedoch bereits Bug- und Achterkastell besitzt. Das Steuerruder war noch wie auf den Wikingerschiffen auf der in Fahrtrichtung rechten Seite angesetzt, woher diese Seite heute noch die Bezeichnung »Steuerbord« führt. Das Modell wurde vor etwa einem Jahr fertiggestellt.

Englisches Kriegsschiff aus der zweiten Hälfte des 15. Jahrhunderts. Das Segel zeigt das Wappen des Earl of Warwick, wie es auf mittelalterlichen Schiffen oft der Fall war. Das Modell wurde im 20. Jahrhundert für Museumszwecke gebaut.

Flämische Karacke um 1480, einer der ersten Schiffstypen, der mit drei Masten ausgerüstet war. Das Museumsmodell stammt aus unserem Jahrhundert.

Die venezianische Karacke Santa Elena, *um 1500 das größte und modernste Schiff im Mittelmeer. Die Schiffsentwicklung im Mittelalter ging nur langsam vorwärts, um sich gegen Ende des 15. Jahrhunderts erstaunlich zu beschleunigen und sich seit dem 19. Jahrhundert in ihrem Tempo geradezu zu überschlagen, so daß ein Schiff heute eigentlich schon als veraltet gilt, wenn es vom Stapel läuft, also noch nicht einmal ganz fertiggestellt ist. Das Modell wurde vor etwa zehn Jahren vom Verfasser gebaut.*

Oben: Elfenbeinmodell einer spanischen Karavelle aus dem 16. Jahrhundert. Die spanischen Conquistadoren verwendeten auf ihren Entdeckungsfahrten in der die Neue Welt fast ausschließlich diesen Schiffstyp. Das Modell Stammt aus dem 17. Jahrhundert.

Unten: Schwere portugiesische Karavelle, ein Versuch die hervorragenden Segeleigenschaften der Karavelle mit schwerer Bewaffnung zu kombinieren. Das Modell wurde im 20. Jahrhundert für Museumszwecke angefertigt.

Das Heck der La Real, *des Flaggschiffs von Don Juan d'Austria, des Oberbefehlshabers in der Schlacht von Lepanto am 7. Oktober 1571. Das Modell, eines der letzten in europäischen Museen, wurde in diesem Jahrhundert erbaut.*

Venezianische Galeasse um 1571. Der Durchschlagskraft dieser schweren Galeeren verdankten die Christen nicht zuletzt ihren Sieg bei Lepanto gegen die türkische Flotte. Das Modell stammt aus unseren Tagen.

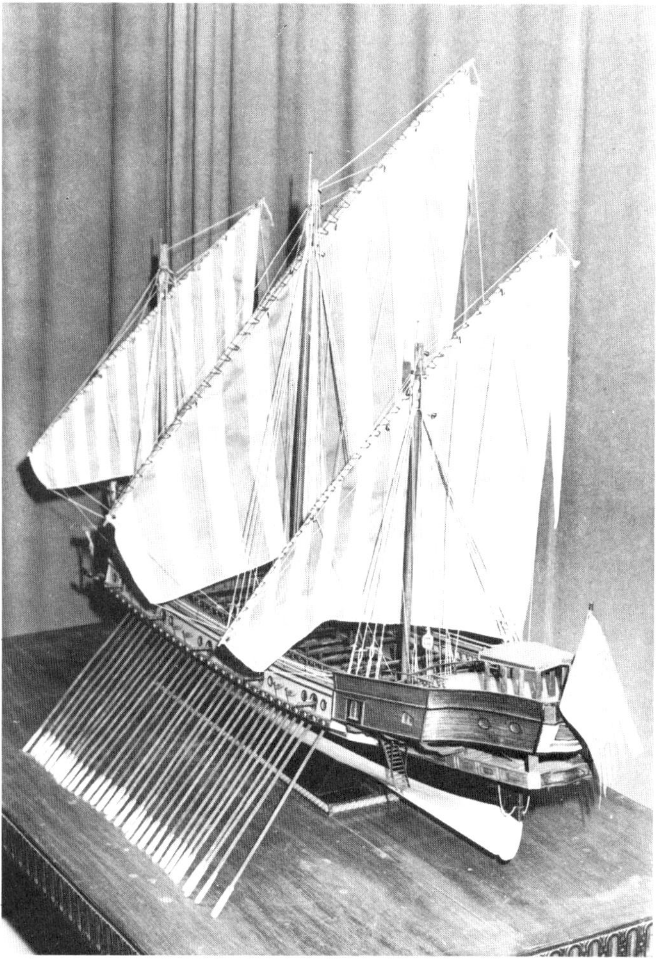

Englische Galeone um 1588. In der Schlacht gegen die spanische Armada bewährte sich dieser schnelle und gut bewaffnete Schiffstyp, der in England auf Betreiben der Staatspiraten Francis Drake und John Hawkins entwickelt worden war, hervorragend. Das Modell wurde vor wenigen Jahren gebaut.

Ein kostbares Elfenbeinmodell einer dänischen schweren Fregatte aus der Mitte des 17. Jahrhunderts. Sogar die Segel und die Flaggen sind aus hauchdünnem Elfenbein geschnitzt. Interessant die am Ruder eingravierte Lastskala.

Ein niederländisches Kriegsschiff aus der zweiten Hälfte des 17. Jahrhunderts, der Glanzzeit holländischer Seefahrt und holländischen Schiffsbaus.

Holländische Staatenjacht aus der zweiten Hälfte des 17. Jahrhunderts. Obwohl klein gehören die Staatenjachten zu den schönsten Schiffen, die je gebaut wurden. Die breiten Seitenschwerter dienten der Stabilisierung auf hoher See, in den flachen Küstengewässern vor der niederländischen Küste konnten sie aufgezogen werden.

Die englische schwere Fregatte Unicorn *mit 30 Geschützen von 1666. Der Rumpf zeigt die traditionellen englischen Farben Gold auf schwarzem Grund, die Flaggen weisen das Schiff aus als zugehörig zum* Weißen Geschwader.
Der Verfasser baute dieses Modell vor einigen Jahren selber.

Ein sehr schön gearbeitetes Modell einer englischen Ketsch, eines kleinen Kriegsschiffes, das vor allem in den Küstengewässern eingesetzt wurde. Das Schiff stammt aus der Mitte des 18. Jahrhunderts. Das Modell stammt aus der Zeit.

Vorschiff und Achterschiff der eben gezeigten englischen Ketsch.

Oben: Das französische 70-Kanonen-Linienschiff Le Lion *von 1780 unter vollen Segeln. Das Schiff hatte eine Rumpflänge von 49 Metern und eine Breite von 13 Metern, 734 Mann taten auf ihr Dienst.*

Unten: Ein kleines Prunkboot des französischen Königs aus der Mitte des 18. Jahrhunderts.

Beide Modelle wurden im letzten Jahrhundert gebaut.

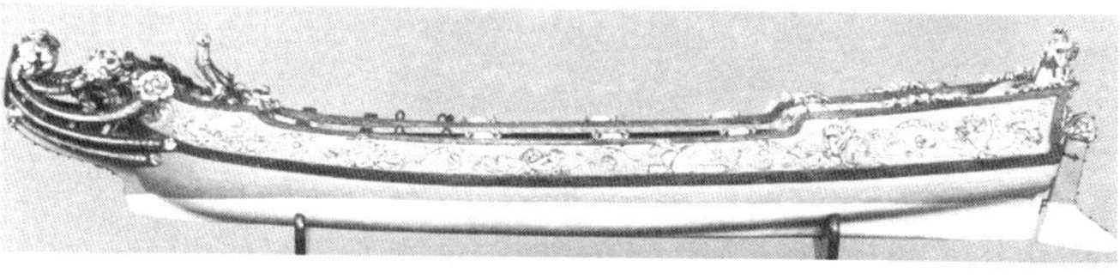

Französisches Linienschiff 3. Ranges mit 64 Kanonen aus der Mitte des 18. Jahrhunderts. Zusammen mit den 74-Kanonen-Schiffen stellte dieser Typ die Masse der französischen Kriegsflotte. In den Schiffslisten von 1780 finden sich nur 13 Schiffe mit 80 bis 110 Geschützen, dagegen 37 Schiffe zu 74 und 24 Schiffe zu 64 Kanonen. Das Modell wurde vor wenigen Jahren fertiggestellt.

Englischer Marinekutter um 1800. Klein, jedoch gut bewaffnet, extrem getakelt und daher außerordentlich schnell waren die Marinekutter die gefürchteten Piraten- und Schmugglerjäger rund um Englands Küsten.
Das Modell stammt aus der Zeit.

Die Brigg L'Ourgan *von 1830 war eines der berüchtigten Sklavenschiffe, die das schwarze Elfenbein von Afrika nach Amerika transportierten.*
Das Modell wurde im späten 19. Jahrhundert für Museumszwecke gebaut.

Oben: Die Flying Fish, *1851 in Boston erbaut, gehört zu den schon fast legendären Teeklippern, zu denen auch so berühmte Schiffe wie* Cutty Sark, Thermopylae, Sir Lancelot, Ariel *und viele andere gehörten, die mit der neuen Tee-Ernte an Bord alljährlich wahrhaftige Rennen von China nach Europa ausfochten.*
Unten: Die englische Korvette Victoria *von 1833, ein ebenfalls auf extreme Schnelligkeit gebautes Kriegsschiff. Beide Modelle stammen aus unserem Jahrhundert.*

Oben: Das erste Dampfboot des amerikanischen Erfinders Robert Fulton, das allerdings nach wenigen Minuten Fahrt 1804 auf der Seine in Paris unterging.

Unten: Die amerikanische Savannah *von 1819 war das erste Dampfschiff, das den Atlantik überquerte, wobei sie täglich immerhin drei Stunden unter Dampf lief – und prompt von der englischen Küstenwache als »brennendes Schiff« gemeldet wurde. Beide Modelle wurden in unserem Jahrhundert für Museumszwecke gebaut.*

Die amerikanische Alice Mandell *von 1851 war ein Walfänger von dem Typ, der durch das Buch* Moby Dick *weltberühmt wurde. Unter der Back ist sehr schön der große Kessel zum Trankochen zu sehen, in den Davits hängen die Fangboote. Das Museumsmodell stammt aus dem 20. Jahrhundert.*

Oben: Die französische Schaufelradkorvette La Véloce *von 1838. Die Kriegsmarinen erkannten sehr bald den Vorteil des Dampfantriebs vor allem für schnelle Aufklärer.*
Unten: Die französische La Gloire *von 1859 war das erste Panzerschiff Europas, mit 12,7 cm starken Eisenplatten von der Wasserlinie bis zu den Stückpforten bewehrt.*
Beide Modelle wurden Anfang unseres Jahrhunderts für Museumszwecke gebaut.

Die französische Fregatte L'Audacieuse *von 1854. Bald schon, nachdem sich die Dampfmaschine auf Schiffen durchgesetzt hatte, ging man dazu über, die empfindlichen Schaufelräder, die zudem dem Feind ein herrliches Ziel boten, gegen die wirkungsvolleren und unempfindlicheren Schiffsschrauben auszutauschen.*
Das Modell wurde für ein Museum Anfang dieses Jahrhunderts angefertigt.

Konvoischiff aus Hamburg aus der zweiten Hälfte des 17. Jahrhunderts. Solch prachtvolle Modelle nur nach Plänen gebaut, oft sogar nach alten Stichen oder Gemälden und den bekannten Abmessungen selbst rekonstruiert, entstehen in manchmal Tausenden von Arbeitsstunden auf den Miniaturwerften begeisterter Modellbauer. Das Modell wurde vor wenigen Jahren erbaut.

Die französische Fregatte La Sirène *aus der Mitte des 18. Jahrhunderts. Die falsch angebrachten Grätings, die zu kurzen Gangspillspaken, die völlig unhistorischen Flaggen und manch anderen Fehler verdankt dieses handwerklich hervorragend gebaute Modell den schlampigen Plänen und Anleitungen eines Modellbaukastens.*
Das Modell wurde erst kürzlich fertiggestellt, der Modellbauer ist mittlerweile daran das gleiche Schiff jedoch originalgetreu noch einmal zu bauen.

Ein bereits wesentlich verbessertes Baukastenmodell der englischen Fregatte Unicorn *aus der Mitte des 18. Jahrhunderts (nicht zu verwechseln mit der* Unicorn *von 1666, die auf Seite 249 gezeigt wurde). Freilich haften auch diesem Modell Fehler an, die bei noch genaueren Recherchen der Originalunterlagen vermeidbar gewesen wären. Das Modell wurde erst vor kurzem fertiggestellt.*

Die französische La Couronne *von 1626 im Bau. Der Rumpf ist fertig, ebenso die Masten und das stehende Gut, während Rahen, Segel und laufendes Gut noch fehlen. Das Modell ist derzeit noch im Bau.*

Bug und Heck der La Couronne *von 1626.*

Eine holländische Kuff von 1841. Solche Modelle kleinerer Küstenfahrzeuge erfreuen sich bei Modellbauern, die räumlich beschränkt sind, besonderer Beliebtheit. Es ist ja auch gar nicht notwendig ein großes Schiff zu bauen, um alle Feinheiten modellbautechnischen Könnens zu demonstrieren. Das Modell wurde vor wenigen Jahren gebaut.

Ein kleines aber exquisites Modell einer Helgoländer Sloop, das sich besonders durch zahlreiche Details an Ausrüstungsgegenständen auszeichnet – beachten Sie zum Größenvergleich das 10-Pfennigstück vor dem Wasserfaß unten; manches Museum wäre glücklich solch ein Modell sein eigen nennen zu dürfen.
Das Modell wurde erst vor kurzer Zeit fertiggestellt.

Kogge, wie sie im 15. Jahrhundert vor allem von der Deutschen Hanse verwendet wurde. Ein Schiffstyp ohne übertriebene modellbautechnische Schwierigkeiten, der gerade deshalb auch für einen noch nicht so geübten Modellbauer zum echten Meisterwerk werden kann. Das Modell stammt aus unseren Tagen.

Algerische Piratenschebecke aus dem frühen 18. Jahrhundert, wie sie das westliche Mittelmeer unsicher machte. Nur selten wird, wie bei diesem Modell, ein großer Maßstab wirklich genutzt, um entsprechende Feinheiten im Detail zu zeigen. Das preisgekrönte Modell wurde erst vor gut einem Jahr fertiggestellt.

Ein hervorragendes Modell der USS Constitution, *die 1797 gebaut und erst 100 Jahre später außer Dienst gestellt wurde. Die* Old Ironsides, *wie ihr Spitzname lautete, ist das berühmteste Schiff der Vereinigten Staaten.*

Bug und Achterschiff der USS Constitution. *Dieses Modell errang 1978 sowohl bei der deutschen Bundesmeisterschaft wie bei der Europameisterschaft die Goldmedaille.*

La Capitana di Venezia, *die Kommandogaleere des Marco Quirini in der Seeschlacht von Lepanto am 7. Oktober 1571, der letzten großen Galeerenschlacht der Geschichte, in der die vereinigten Flotten Spaniens, Venedigs und des Papstes die bis dahin als unbesiegbar geltenden Türken vernichtend schlugen. Das Modell wurde vor einigen Jahren vom Verfasser gebaut.*

Das Heck der La Capitana di Venezia. *Galeeren waren als typische Ruderschiffe extrem lang und schmal, oft mit einem Verhältnis Breite zu Länge von 1 : 9. Sie waren miserable Segler, dafür unter Riemenantrieb außerordentlich wendig und schnell und erreichten auf kurze Strecken die Geschwindigkeit eines modernen Sportachters.*

Ein seltenes Bild: die La Capitana di Venezia *von oben gesehen. Sie verfügte über 22 Riemenpaare, wobei an jedem Riemen fünf Männer anfaßten, so daß die Gesamtzahl der Ruderer – zumeist Kriegsgefangene und verurteilte Verbrecher – 220 Mann betrug. Die übrige Besatzung des Schiffes bestand aus 40 Offizieren, freien Seeleuten und Seesoldaten.*

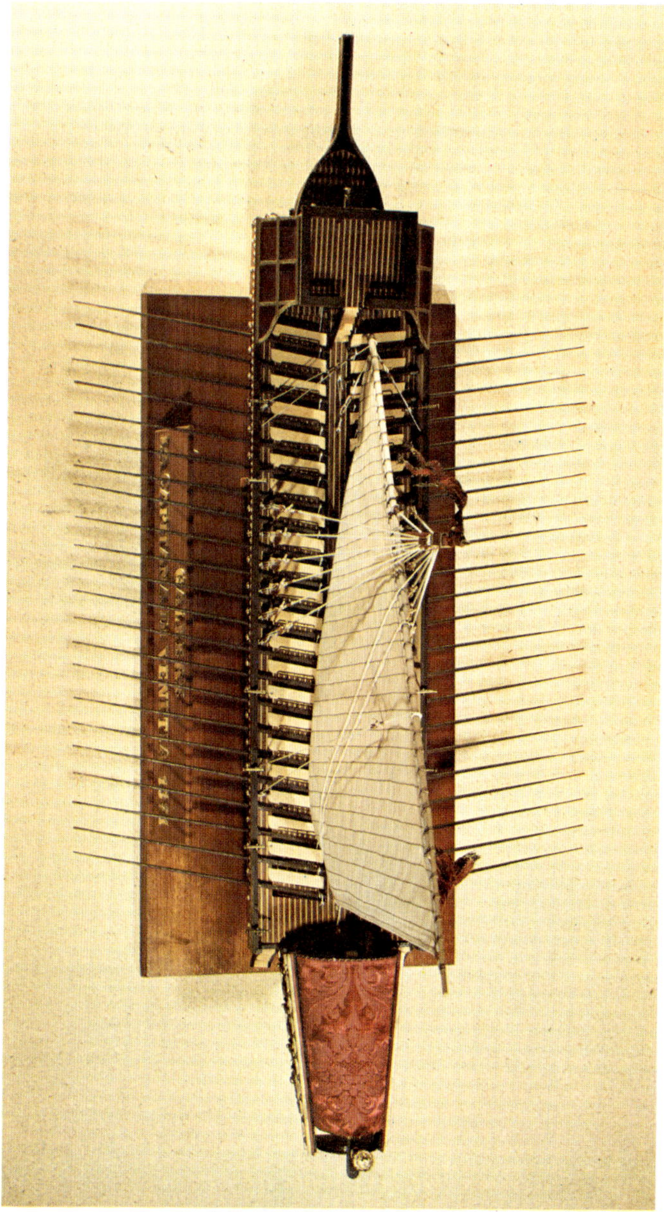

Das Achterschiff der La Capitana di Venezia *mit den prächtigen Schnitzereien und dem Sonnensegel aus schwerem Damast. Das Schiff war 45 Meter lang, 5,6 Meter am Hauptspant breit und 7,6 Meter breit über die Ausleger. Es hatte fünf schwere Geschütze an Bord und 12 leichte Drehbassen auf der Reling.*

Museen

Die besten und schönsten Schiffsmodelle stehen heute fast durchweg in Museen, und wer sich für alte Schiffe begeistert, der sollte, einmal in der entsprechenden Stadt, immer die Zeit für einen Besuch einplanen.

Natürlich ist die folgende Liste keineswegs vollständig, denn es gibt unzählige kleine Heimatmuseen, in denen sich oft erstaunliche Kostbarkeiten verbergen. Hier also nur eine Sammlung der größten und wichtigsten Seefahrtsmuseen:

Belgien:	Antwerpen, Nationaal Scheepvaart Museum
Dänemark:	Helsingör, Handels- og Söfartsmuseum paa Kronborg
	Kopenhaven, Orlogmuseet
	Roskilde, Vikingeskibshallen
Deutschland:	Brake, Schiffahrtsmuseum der Oldenburgischen Weserhäfen
	Bremen, Fokke-Museum
	Bremen, Heimatmuseem Vegesack
	Bremen, Übersee-Museum
	Bremerhaven, Deutsches Schiffahrtsmuseum
	Hamburg, Altonaer Museum
	Hamburg, Museum für Hamburgische Geschichte
	München, Deutsches Museum
Finnland:	Abo, Sjöfartsmuseum vid Abo Akademi
Frankreich:	Marseille, Musée de la marine et d'Outre-Mer
	Paris, Musée de la Marine
	Rochefort, Musée de la Marine
	Saint Martin de Ré (Ile de Ré)
Griechenland:	Athen-Piräus, Naval Museum of Greece
Großbritannien:	Edinburgh, Royal Scottish Museum
	London-Greenwich, National Maritime Museum
	London-South Kensington, Science Museum
Italien:	Genua, Museo Navale
	La Spezia, Museo Navale
	Venedig, Museo Storico Navale
Israel:	Haifa, National Maritime Museum
Libanon:	Beirut, Musée de Beyrout

Niederlande:	Amsterdam, Nederlandsch Historisch Scheepvaart Museum
	Groningen, Noordelijk Scheepvaartmuseum
	Rotterdam, Maritiem Museum »Prins Hendrik«
Norwegen:	Bergen, Bergens Sjöfartsmuseum
	Oslo, Norsk Sjöfartsmuseum
	Oslo, Universitets Oldsaksamling
Portugal:	Lissabon, Museu de Marinha
Schweden:	Göteborg, Sjöfartsmuseum
	Karlskrona, Marinemuseet och Modellkammaren
	Stockholm, Statens Sjöhistorika Museum
	Stockholm, Wasa Museum (Wasavarvet)
	Visby, Gotlands Fornsal
Spanien:	Barcelona, Museo Maritimo
	Madrid, Museo Naval
Türkei:	Istanbul/Beşiktaş, Deniz Müzesi Müdürlügü
UdSSR:	Leningrad, Marinemuseum
USA:	Annapolis/Maryland, United States Naval Academy
	Mystic/Connecticut, Marine Historical Association
	Nantucket/Massachusetts, Whaling Museum
	New Bedford/Massachusetts, Whaling Museum
	New York/New York, Marine Museum of the Seaman's
	Salem/Massachusetts, Peabody Museum

Verein

Der historische Schiffbau und Schiffsmodellbau ist ein so weites Arbeitsfeld, daß es von einem einzelnen kaum in seiner Ganzheit zu bewältigen ist. Was liegt also näher, als daß sich Gleichgesinnte zusammenschließen und ihre Erfahrungen untereinander austauschen? In diesem Sinne wurde 1963 der »Arbeitskreis historischer Schiffbau e. V.« gegründet. In den Veröffentlichungen, brieflich oder im persönlichen Kontakt, finden Sie hier genau jene Menschen, die man, auch wenn sie meist reine Amateure sind, getrost als Fachleute ihres Spezialgebiets ansprechen kann, mit dem sie sich vielleicht schon seit vielen Jahren beschäftigen.

Außer der jährlichen Arbeitstagung treffen sich auch regelmäßig kleinere Gruppen zwanglos, und da entpuppt sich dann etwa ein Koch als unerschöpfliche Fundgrube für den Schiffbau des 19. Jahrhunderts, ein Museumskonservator diskutiert mit einem Postbeamten über Schiffsgeschütze, ein pensionierter Lokomotivführer stellt sein neuestes Modell zur Begutachtung, ein Lehrer hat eine Quelle für das oft schwer zu beschaffende Buchsbaumholz aufgetan und ein technischer Zeichner in Schweden einen seltenen Plan ergattert.

Wer sich für den historischen Schiffsmodellbau begeistert, dem kann der Beitritt zu diesem Verein nur herzlichst angeraten werden! Wer mehr darüber wissen will, der wende sich bitte an die Geschäftsstelle: Herrn Horst Parchatka, Neue Dimbergstraße 8a, 6501 Heidesheim.

Fachliteratur

Wer sich mit Modellschiffen und ihren großen Vorbildern auch nur etwas genauer befassen möchte, für den genügt es nicht, ein paar schöne Bildbände und vielleicht ein allgemein einführendes Werk über die Entwicklung des Schiffbaus durch die Jahrtausende, zu besitzen. Solche Bücher mögen der Anregung, der großen Übersicht dienen, und haben hierin ihren unbestrittenen Wert. Doch wer sich gründlicher, sei es als Käufer oder gar Sammler, als Modellbauer oder nur ernsthaft Interessierter, mit diesem Gebiet befassen möchte, der wird um Fachliteratur nicht herumkommen.

Es wäre im Rahmen dieses Büchleins bei weitem zu aufwendig, auch nur entfernt einen Überblick der internationalen Fachliteratur geben zu wollen.

Nun fehlt es oft weniger am guten Willen, als an der Möglichkeit, die richtige Literatur zu bekommen, denn viele dieser Bücher erscheinen im Ausland und finden nie den Weg in normale deutsche Buchhandlungen. Ich darf Sie daher auf eine Fachbuchhandlung aufmerksam machen – meines Wissens die einzige in ihrer Art –, die die gesamte, auch ausländische Literatur führt und in zwei- oder dreimal jährlich erscheinenden Katalogen die Interessenten informiert: Christian Schmidt KG, 8000 München 70, Sauerbruchstr. 10.

An Zeitschriften ist kein Mangel, doch gibt es in Deutschland für den historischen Schiffs- und Schiffsmodellbau nur eine einzige, die ernstzunehmen ist, »Das Logbuch«, die vom Arbeitskreis historischer Schiffbau e. V., für Mitglieder kostenlos, vier Mal im Jahr herausgegeben wird, gefüllt mit theoretischen und praktischen, meist reich illustrierten und oft mit Plänen versehenen Ergebnissen der Forschungsarbeit seiner Mitglieder. Es gibt hier kein Thema, vom Einbaum über Hansekoggen, barocke Dreidecker, Teeklipper bis zum praktischen Modellbau, das nicht irgendwann zur Sprache käme.

Qualitätskriterien

Ob Admiralitäts- oder Seemannsmodell, ob alt oder neu, ob im Maßstab 1:100 oder 1:25, ob wohlgehütetes Museumsstück oder Eigenbau, gewisse qualitative Forderungen sollte ein jedes Modellschiff erfüllen. Natürlich ist es praktisch unmöglich, allgemeinverbindliche Richtlinien für Modellschiffe aller Zeiten aufzustellen. Grundsätzlich möchte ich daher hier alle Modelle der Antike ausklammern, und auch alle Modelle außerhalb der europäischen Bautradition – sie folgen ihren eigenen Regeln.

Zunächst sollte ein Schiffsmodell dem dargestellten Schiff oder Schiffstyp tatsächlich gleichen. Sie werden sagen, das sei selbstverständlich, doch so selbstverständlich ist das eben leider nicht, wenn man sieht, daß eine Modellbaufirma drei identische Rümpfe mit verschiedenen Takelagen versieht, und sie als drei verschiedene Schiffe ausgibt. Auch manch anderes Modell ist mit mehr Phantasie als Sachkenntnis zusammengebaut. Über manche Schiffe gibt es keine authentischen Unterlagen – die berühmte »Santa Maria« Christoforo Colombos gehört dazu –, Rekonstruktionen solcher Schiffe haben aber die Pflicht, sich wenigstens, nach dem neuesten Stand der Forschung, so weit als möglich dem Original anzunähern.

Alle Proportionen müssen richtig und im Maßstab wiedergegeben sein. Ausnahmen hiervon sind nur Votiv-, Seemanns- und Prunkmodellen vor 1650, wie deren exakten Kopien, gestattet.

Sämtliche Details zumal der Ausrüstung und Takelage müssen getreu den historischen Vorlagen ausgeführt sein. Folgende, den Maßstäben entsprechende, Details sollte ein gutes Modell aufweisen: 1:500 alle wichtigen Deckaufbauten, Ruderstand, Beiboote, komplette, wenn auch vereinfachte, Takelage. 1:100 vollständige Deckausrüstung, alle Anker, Masten mit Salingen und Marsen, Takelage mit allen Jungfern und Blöcken, außer den allerkleinsten, etwa an den Bulins. 1:50 alle Planken originalgetreu mit Nägeln und Dübeln, Ausrüstung mit allen Details – z. B. Pallen an den Spills, Riemen in den Beibooten, Reservespieren, Sorgleinen am Ruder, Geschützlafetten aus Einzelteilen gebaut –, Takelage mit allen Blöcken und Jungfern, auch den kleinsten, historisch korrekt rechts und links geschlagenes Tauwerk, und, wo historisch erforderlich, gekleidetes Tauwerk. Auf einem Modell im Maßstab 1:50 kann man nahezu alle Details darstellen – und das sollte dann auch geschehen!

Ebenso wichtig ist die Wahl des richtigen Materials. Es wäre unsinnig ein Modell aus Eichenholz zu bauen, weil das Originalschiff aus Eiche war; daß hieße, zwar das Schiff beispielsweise auf 1:50 verkleinern, das Material aber 1:1 zu belassen. Die besten Modellbauhölzer sind Birne, Buchs- und Nußbaum. Natürlich sind auf einem Modell auch die Eisenteile nicht aus Eisen, sondern bevorzugt aus Kupfer, Messing oder teilweise Silber. Eisen war auf alten Schiffen stets geschwärzt, und auf dem Modell sollten die Eisenteile es also auch sein.

Kunststoff hat auf einem guten Modellschiff nichts verloren. Er mag da und dort zwar unvermeidlich sein, doch sollte er auch dort nicht als das erkennbar sein als das, was es ist.

Auch der Lack kann aufschlußreich sein. Schiffsmodelle sollten stumpfmatt, oder nur ganz leicht seidenmatt lackiert sein. Glänzt ein Modell wie eine Speckschwarte, taugt es meist auch sonst nicht viel.

Ein paar Kleinigkeiten können Ihnen, weil sie oft vergessen oder vernachlässigt werden, sehr guten Aufschluß über die Qualität eines Modelles geben: So wurde unter der Wasserlinie nie Eisen verwendet, sondern Kupfer, Messing und Bronze. Die Gerbsäure der Eichenplanken läßt nämlich, in Verbindung mit Seewasser, jedes Eisen binnen Kürze vollständig verrosten. Sehen Sie sich dazu die Fingerlinge (Scharniere des Ruders) an; unter der Wasserlinie müssen sie gelb, also aus Messing sein. Ferner achten Sie darauf, ob das Modell Speigats hat, sie werden sehr oft vergessen. Bis Mitte des 17. Jahrhunderts waren die Jungfern länglich oder dreieckig, erst danach rund. Das jeweils erste Wantenpaar eines Mastes oder einer Stenge bugwärts wurde seit spätestens Mitte des 16. Jahrhunderts vollständig gekleidet (mit einem dünnen Tau auf der ganzen Länge umwickelt), um die Wanten gegen das Scheuern der Segel besser zu schützen.

Es sind dies alles Kleinigkeiten, gewiß, und sie können nie das gründliche Studium von Originalunterlagen, Plänen und Fachliteratur ersetzen, sie können aber helfen, den Blick zu schärfen und mit der Zeit ein echter Kenner und Experte zu werden.

»Was habe ich da angerichtet, als ich diesen Erfinder Robert Fulton (Erbauer des ersten Dampfschiffs) unterstützte. Ein entsetzlicher Gedanke, ein Meer voll stinkender, qualmender, segel-loser Schiffe!« schrieb der große Korsar und Reeder Robert Surcouf aus St. Malo gegen Ende seines Lebens.

Die Vision wurde nur zu bald Wirklichkeit. Bis auf ein paar ganz wenige Exemplare sind die Segelschiffe von den Weltmeeren verschwunden und leben nur noch in ihren kleinen Geschwistern, den Modellschiffen, weiter. Wenn dieses Büchlein Sie ein bißchen für die Schönheit der alten Segelschiffe begeistern, ein wenig in die Welt ihrer Modelle einführen, Sie unter Umständen sogar zum Bau eines eigenen Modellschiffes anregen konnte, so hat es seinen Zweck mehr als erfüllt.

Dem Autor bleibt dann nur noch, Ihnen zu wünschen: »Mast- und Schotbruch!«

Bildnachweis

Albstadt, Horst Schmidt (M): 89, 91, 93, 129, 131
Amsterdam, Nederlandsch Historisch Scheepvaart Museum: 79, 101, 109, 117, 247
Augsburg, Werner Zimmermann (M): 229
Barcelona, Museo Maritimo: 77 oben, 239
Beirut, Musée de Beyrouth: 53 oben
Bergen, Sjöfartsmuseum: 227 oben
Berlin, Rudolf Neutze (M): 279
Boston, Museum of Fine Arts: 61 Mitte
Bremervörde, Freerk de Vries (M): 125, 265 oben
Bristol, W.D. & H.O. Wills: 115
Caglari, Museo Archeologico: 57
Düsseldorf, Siegfried Verbeeten (M): 153 unten, 155, 193, 195, 293, 295
Emden, A.E. Höpfner (M): 215, 217, 219
Eschwege, Bernd Zippel (M): 203, 205, 207, 211, 213
Florenz, Museo Archeologico: 65
Frankfurt, Helmut Klein (M): 243, 259, 285
Greenwich, National Maritime Museum: 119, 165
Haifa, National Maritime Museum: 43 oben
Hamburg, Hans Heitmann (M): 189
Hamburg, Horst Schuller (M): 281, 283
Hamm, Alfred H. Richter (M): 133
Howald, James Peter Smith (M): 277

Kairo, Ägyptisches Museum: 47
Karlsruhe, Joachim Wiegand (M): 287
Kirchlengern, Günter Wefelmeier (M): 241
Kopenhagen, Orlogmuseet: 85, 153 oben
Kopenhagen, Schloß Rosenborg: 245
Krefeld, Klaus Stelter (M): 275
Leiden, Rijksmuseum van Oudheden: 51
London, British Museum: 43 unten, 53 Mitte und unten, 63 oben
London, Science Museum: 3, 87, 95, 105, 111, 121, 123, 127, 135, 137, 141 oben, 145 unten, 159, 161 Mitte und unten, 167, 169, 171, 173, 175, 177, 179, 181, 183, 185, 199, 201, 209, 231, 233, 237 unten, 253, 255, 261, 265 unten, 267, 269
Madrid, Museo Naval: 67, 71, 73, 77 unten, 237 oben
München, Deutsches Museum: 227 Mitte und unten
New York, The Metropolitan Museum of Art: 41 unten, 45 oben, 49, 55 unten
Nikosia, Cyprus Museum: 55 oben
Oxford, Ashmolean Museum: 41 oben und Mitte, 61 unten, 75
Paris, Musée de Louvre: 45 unten, 59
Paris, Musée de la Marine: 97, 99, 103, 113, 139, 141 unten, 143, 145 oben, 157 unten, 161 oben, 163, 187, 191, 257, 263, 271, 273
Potsdam, Wolfgang Süring (M): 291
Rampoldstetten, Wolfram zu Mondfeld (M): 147, 149, 151, 197, 235, 249, 297, 299, 301, 303
Rotterdam, Maritiem Museum »Prins Hendrik«: 69, 81, 83, 251
Schierstein, Alfred Albert (M): 221, 223, 225
Sparta, Archeological Museum: 61 oben
Stockholm, Sjöhistoriska Museum: 107, 157 oben
Trier, Landesmuseum: 63 unten
Wuppertal, Heinz Peters (M): 289

M = Modellbauer und bedeutet, daß die im Buch gezeigten Modelle von diesen Personen selbst gebaut wurden.

...aus der Heyne Sammlerbibliothek

Die Heyne Sammlerbibliothek stellt reizvolle Sammelgebiete vor, die verschiedenartigste Objekte und Kuriositäten von kulturhistorischem wie ästhetischem Wert umfassen.
Jeder Band mit zahlreichen vierfarbigen Abbildungen.

Bereits erschienen:

U. Klever
Stöcke
144 Seiten
DM 12,80
Band 9
ISBN
3-453-35309-9

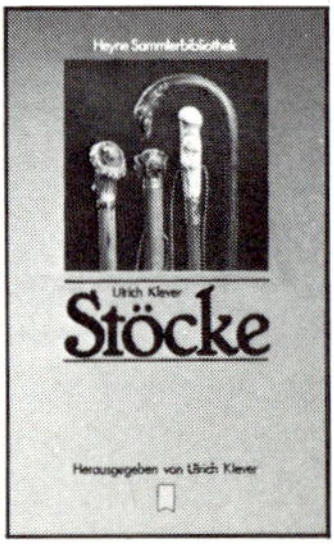

Unerschöpfliche Phantasie haben Auftraggeber, Handwerker und Erfinder bei der Konstruktion von Spazierstöcken bewiesen. Dieses Sammelgebiet wird hier erstmals vorgestellt.

J. Cieslik
Blechspielzeug
160 Seiten
DM 17,80
Band 7
ISBN
3-453-35307-2

Blechspielzeug – die verkleinerte Welt der Erwachsenen als kulturhistorisches Dokument der technischen Entwicklung: für Kinder gemacht, von Sammlern begehrt. Träume und Wirklichkeiten aus zwei Jahrhunderten – zusammengefaßt in diesem reizvollen Band. Mit allen wichtigen Hinweisen für Liebhaber schönen Spielzeugs.

Weitere Themen der Reihe:
Liebig Bilder, Zündholzetiketten, Bierdeckel, Hunde, Exlibris, Nippes, Notgeld und viele andere.

Herausgegeben von Ulrich Klever